Building
Construction
HandBook

건축기술핸드북시리즈

자체품질검사

김종원 편역

기문당

이 책을 발간하면서

최근 건설업계에서는 천장의 낙하, 지붕 파손, 외벽의 박락, 누수, 그리고 구조위장 등 기획 · 설계 · 시공이라는 일련의 건축 생산 활동에 있어서 품질불량에 관한 문제가 계속해서 표면화 되고 있다.

그렇다면, 이와 같은 품질 불량의 문제는 왜 끊이지 않고 계속되는 것일까?

그 원인을 깊이 생각해 보면 치열한 수주 경쟁을 배경으로 한 비용의 삭감 요구와 공기단축, 그리고 지식과 기술을 갖춘 전문기술자의 절대적인 인원부족 등 다양한 요인이 복합으로 얽혀 있으며 품질확보를 위한 점검시스템이 제 기능을 하지 못하여 초래된 결과로 지적되고 있다. 게다가 작업현장에서의 품질관리 체제가 형식적으로 이루어지고 있는 것도 부인할 수 없는 상황이다.

건축 생산 활동에 관련된 기술자 한 사람 한 사람이 품질 확보에 대한 충분한 지식과 높은 의식을 가지고 자체 품질검사에 임할 필요가 있다.

이 책은 이러한 상황을 인지하여 제3자의 전문 검사기관에 의뢰하기 전에 작업장에서 검사기구류를 사용해 현장에서 자체적으로 품질검사를 하는 내용을 중심으로 해설하였다. 사후 관리공사에도 활용할 수 있을 뿐만 아니라 품질불량 방지를 목적으로 공사에 들어가기 전에 주변환경조사를 비롯한 토공사, 구체공사, 마감공사..... 그리고 최종검사에 이르기까지 각각의 단계에 맞도록 자체 품질검사 항목을 정리하였다. 또한 작업상황에 맞는 검사기구의 종류와 성능, 사용목적, 사용법, 검사에 의해 얻어진 결과를 품질관리에 어떻게 활용해 나갈 것인가 등을 현장 사례를 들어가며 해설하였으며, 동시에 현장 주변 환경에 미치는 영향과 작업현장 환경 상황을 체크하는 항목도 함께 넣었다.

이 책이 품질관리를 위한 핸드북으로서 항상 휴대하고 이용함으로써 품질불량을 없애고 현장기술자의 시공 관리능력 향상에 도움이 될 수 있기를 바란다.

저 자

편역자서문

개발연대를 거쳐 건설의 생산방식에도 많은 변화를 가져오고 있다.

올림픽을 개최하게 되면서 건축물 시공에서 빨리 짓기만 하면 되었던 결과물에서 생산과정을 중요시하여 높은 품질을 요구하는 시대로 변하였다. 또, 선진 외국처럼 건물의 장수명화가 중요한 과제로 떠오르게 되었다.

건물이 장기간 유지되기 위해서는 생산과정에서부터 철저한 검사를 실시하는 것이 무엇보다 중요하다.

그러나 현장 작업과정에서 어떤 검사항목이 있고 어떤 방법으로 검사를 실시해야 하는지에 대하여 경험이 부족한 기술자들뿐만 아니라 경험이 있는 기술자들 조차 검사방법과 기기의 운용을 잘 이해하지 못하고 있는 경우가 많음을 볼 수 가 있다.

현장에서의 시험실시는 전문과정을 거친 기술자가 아니면 시험항목 · 방법을 이해 하기 곤란한 점이 많고 시험결과의 판정 등에도 어려움이 없지는 않다. 그렇다고 하여 일일이 전문 업체에 의뢰한다면 공사 중 부적절한 곳이 발견되어도 신속히 대응하지 못해 다음 공정에 영향을 미치게 되고 만다.

또한 사전 점검되지 못하고 다음 공정으로 이어져 공사가 진행됨으로써 중대사고로 이어지든가 부실시공으로 될 수 있다.

이 책은 전문가에게 의뢰하지 않고도 작업현장에서 현장 실무기술자들이 부적절한 곳을 조기발견하고 대응하기 위한 시험항목과 시험방법, 기기사용과 판정법을 쉽게 이해하고 운용할 수 있도록 한 것이다.

공사부분의 검사 이외에도 완공 후에 건물진단에 사용되는 기기와 시험방법을 수록하였으며 가설공사, 설비공사, 토공사, 등 공사 중의 소음과 진동 등에 대한 검사방법에 대해서도 다루고 있다. 불량시공 방지 관리항목뿐만 아니라 주거 생활에 해가 되는 지정 화학물질에 대한 실내오염 지침을 수록함으로써 업무환경, 주택등급의 실내오염을 결정하는데 참고할 수 있도록 하였다.

건물의 기능, 성능의 유지로 장수명화 · 고품질화 · 안전화를 실현하는데 도움이 되었으면 하는 바램이다.

역 자

Contents

1장 이 책을 보는 법·사용방법

1 구 성

이 책은 제3의 전문검사기관에 검사를 의뢰하기 전에 작업현장에서 할 수 있는 일일 자체 품질검사에 사용되는 주요 39개 검사기기에 대해 공사의 진도에 따라 구성하고, 현장의 상황 → 사용목적 → 측정기 제원(성능 및 제품사양) → 취급요령 설명 → 유사기기 → 자체품질검사 중요항목 포인트(Point) 순으로 설명해 나가고 있다.

먼저 해당 공사에 사용되는 검사기기의 그림을 게재함과 동시에 그 검사기기를 사용하는 공사의 구체적인 현장 상황을 설명하고, 측정, 또는 사용목적, 검사기기의 제원, 성능사양을 나타내었다. 또한 이어서 검사기기의 취급설명 및 검사순서를 그림으로 설명하려고 노력하였고, 동일 검사 항목에 대한 유사기기를 소개하였다. 아울러 해당 검사 항목 중 유사기기를 더 자주 사용하는 기기에 대해서는 바로 이어서 검사 및 취급설명과 검사순서를 별도로 기술하였다.

2 측정 내용별 검사기기 일람(주요기기 39, 유사기기 54개 이상)

공사를 시작할 때부터 준공 · 인도하여 사후관리공사에 이르기까지 건설공사와 관련된 공사에 대해서는 요구 품질 · 성능을 만족시켜야 한다. 2장에서는 이 책에 수록한 주요기기 39개 및 유사기기 54개를 측정 내용별로 정리함과 동시에 이 책의 참조 페이지를 덧붙였다.

3 자체품질검사 중요항목(Point)

이 책에 수록한 자체검사를 위한 검사기기는 거창한 것이 아니라 렌탈 또는 저렴한 값에 구입할 수 있는 것들이다. 측정 오차를 최소한으로 줄일 수 있도록 검사기기를 사용할 때에는 '자체품질검사 포인트'의 내용을 충분히 이해한 다음 측정대상과 측정범위 등 검사기기 자체가 가지는 성능 · 사양을 충분히 파악한 후에 검사를 실시한다. 검사기기의 바른 사용법을 이해하고 정확한 검사를 하여 품질 불량을 미연에 방지한다.

❖ 자체품질검사 포인트

➡ ○○

역시, 이곳을 주의해야 되는군!

4 부 록

책 끝부분에는 이 책에 수록된 검사내용 중 품질관리상 특히 중요한 기준과 지침, 보충자료를 수록하였다. 또한 자주 발생하는 불량항목에 대해서는 그 방지대책을 체크 리스트 형식으로 정리하고, 동시에 이 책에서 다룬 검사기기와의 관계를 알 수 있도록 정리하였으므로 일일 자체품질검사에 도움이 될 것이다.

5 보는 법, 사용방법

■ 일일 자체품질검사를 잘하여 수정을 미연에 방지하자!

건설 작업현장에서는 품질, 원가, 공정, 안전의 4가지 항목을 균형 있게 관리해 나가는 것이 중요하다. 현장 기술자의 품질관리에 대한 의식 결여와 시공미비가 발생하면 원래대로 돌이켜 다시 작업을 하거나 재료를 다시 조달하거나 또는 수정에 따른 시간을 줄이기 위해 인위적으로나 시간적으로 무리를 강행하게 되며 결과적으로 새로운 불량을 발생시키는 원인이 된다. 사소한 관리미숙이 건물전체의 품질에 크게 영향을미치기 때문에 일일 자체품질검사를 게을리하지 말고 다음 공정에 영향을 미치지 않는 타이밍을 고려하여 검사를 실행하도록 하여야 한다. 또한 불량을 발견하면 조기에 대처하는 것이 중요하다. 현장의 낭비를 없애고 생산성을 높여 이익 확보에 노력한다.

■ 자신만이 갖는 전용 자체품질검사 핸드북으로 활용!

이 책에 수록된 검사기기는 각종 검사항목 중에서 대표적인 것만을 엄선한 것이며 유사 기기도 다수 있다. 또한 검사기기의 성능도 날이 갈수록 개량되고 있어 사용의 용이성과 측정의 정확도도 향상되고 있다. 자기 스스로 카탈로그나 인터넷 등을 이용해 검사기기의 새로운 정보를 입수하도록 하고, 수록된 검사기기의 신제품이나 더 사용하기 편한 검사기기가 나왔을 경우에는 이 책에 메모해 두었다가 자신만의 자체품질검사 핸드북으로 만들어나가도록 한다.

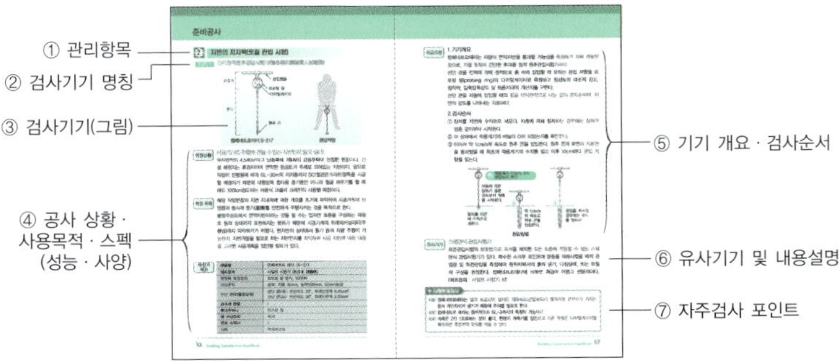

실수하기 쉬운 개소 · 특히 중요한 포인트

[주] :「설계도서의 확인 · 사전 협의가 최우선」

각 공사의 적용 시방서는 설계사무소, 관공서에 따라 다른 경우가 많으므로 이 책과 차이가 있는 경우가 있다. 그럴 때에는 설계도서를 잘 확인하고 클레임 발생이 예상되는 경우에는 발주자, 설계자, 공사감리자와 사전에 충분한 협의를 하는 것이 원칙이다.

**작업복 윗주머니에는 '건축기술핸드북'을,
이것이 품질향상의 첫걸음이죠!**

2장 측정내용별 검사기기

[1] 측정내용별 검사기기 일람(이 책에 수록한 주요 기기 및 유사기기)

계측내용		검사기기(Maker)	페이지
환경 · 안전위생기기	소음 · 진동측정	소음진동표시장치 / SPV-200 [Thor-Tech]	14
		보통소음계 / NL-22 [리온]	15
		진동레벨계 / VM-52A [리온]	15
	유해가스검지기	(복합형 가스검지기) 포케터블 멀티가스모니터 / GX-2001 [이연(理研)계기]	22
		멀티형 가스검지기 / XP-302M [신코스모스 전기]	23
	(실내공기계측)포름알데히드 검지기	포름알데히드 검지기 / FP-30[이연계기]	58
		포름알데히드 발생원 검지Seal (야나기자와센서 · 포름알데히드)	60
		Form Tector XP-308B[대현사이언스]	60
		Radon Moniter 1027[신정정밀기계]	60
	(토공사용)수질계	포트블 수질pH계 / HM-20P [동아DKK]	107
기상관측기기	(콘크리트 양생 및 기타) 온도계	콘크리트양생 기록 온도계 / OT-108(12)[대전상사]	30
		핸디타입 적외선방사온도계 / R-100시리즈[안립계기]	108
	온습도계	온습도 데이터로거 /온도토리 TR-72U[티엔데이]	74
	풍속계	풍배형 펄스풍속계 / 23-SP [대전계기제작소]	106
	지하수위계	밀리온 수위계 / ML50M[야마요 측정기]	24
		자기수위계(리샤르식) / NO.49-Ⅱ[대전계기제작소]	25
		지중침하계, 하중계, 응력계, 경사계, 간극수압계	25
	(도장용)결로계	결로진단계 스피드저지 / SJ-1[일본신테크]	56
		온습도Data Logger / 온도감지기TR-72U	57
저울	전자저울 (과적재방지용계기)	(전자식 포터블 중량측정장치)매트스케일 [일본 다이너매트 · 전중형기공업소)	20
		로드미터 / JUMBO-Ⅲ[수수(守隨)본점]	21
	하중계	텐션미터 다이나폴 / 12.5T[틸코퍼레이션]	106
비파괴검사기	매설관 탐지기	철관 · 케이블 탐지기 / PL-960[후지테컴]	18
		지중탐사 레이더 / NJJ-96[일본 무선]	19
	(철골검사용) 막압계(膜壓計)	듀얼타입 막후계 / LZ-300C[케트과학연구소]	38
		초소형 막후계 듀얼스코프/ MPOR [피셔 인스트루먼트]	39
		디지털 막후계/A456S[영국 Elcometer]	39
	(실링재 측정)두께계	초음파 두께계/ UDM-1200[제통전자연구소-일본]	48
	콘크리트 강도측정기	슈미트 콘크리트 · 테스트해머 / P형[후지물산]	32
		슈미트 콘크리트 · 테스트해머 / PT형[후지물산]	33
		슈미트 콘크리트 · 테스트해머 / N형, NR형[후지물산]	33, 80

비파괴검사기		슈미트 콘크리트 · 테스트해머 / L형, LR형, M형	34, 35
		DG슈미트2 외 [후지물산]	81
	핀홀탐지기 (도막방수용 계측)	핀홀탐지기/TO-150C · TO-250C, (콘크리트바탕전용) [SANGKYO전자연구소]	44
		핀홀탐지기 / TO-100, Holy star 1~5,	46
	타일인장시험기	테크노 테스터 / RT시리즈 [SANGYO TECHNO]	68
	초음파 철근탐사기	프로포미터 5 [후지물산]	76
		RC레이더(핸드서치/ NJJ-95A) [후지무선]	77
		PROFOMETER 4S 외[동아측기사]	77, 78
	균열깊이 측정기	초음파시험기 티코(TICO) [후지물산]	88
		초음파 측정기 엘소닉 [동횡에르메스]	89
	강재측정기	SUM · STEEL CHECK / M-100형 [입화엘레텍]	108
	(지반침하조사용) 내시경)	파이버스코퍼/ IF6C5XI-30[올림프스]	104
		건연식 콘크리트 체커 / TN-100[케트과학연구소]	105
토질 · 콘크리트시험기	지반 지지력 검사 관입시험기	컴페네트로미터 / S-217 [서일본 시험기]	16
		스웨덴식 관입시험기 [서일본 시험기 외]	17
	염화물량 측정계	칸타브 [태평양 머티어리얼]	28
		염분농도계 솔타 [요시가와산업]	29
		기타, 염분농도측정계 에이신 EB[일본], 현대계기 158P[한국]	29
	수분계	콘크리트 · 모르타르 · ALC수분계/ HI-520[케트과학연구소]	40
		모르타르 · 목재수분계/ MT-8A[케트과학연구소]	41
		목재수분계/HM-520 [케트과학연구소]	52
		비파괴식 고주파 목재수분계 HM8-WS25 [국제철공소]	54
	(노반)지지력시험기	OJ식 현장 CBR 시험장치 / S-180[서일본시험기]	62
		평판재하시험기 [서일본시험기 외]	63
		평판재하시험기 HS-215A~B[한신금풍: 한국], HJ-4452[흥진정밀: 한국]	63, 64
기타 계측기	철근가스이음 측정기	SY게이지 [관동압접업 협동조합]	26
		디지털 노기스 / ABS크랜트프루캐리퍼[미즈토요]	27
		기타 제품	27
	(철골용접)게이지	용접게이지 / WGU-8M [니이카다정기]	36
		용접게이지 / WG-1 M형, AWG-10[니이카타정기]]	37
	막 두께 게이지	웨트필름막후계 / 톱니형 S-6500[산광전자연구소]	42
		웨트필름막후계 / 로터리형 [SANGYO전자연구소]	43
		기록보존용 톱니형 막압계 / 엘코미터456시리즈[코텍]	43

측정내용별 검사기기

MEMO

3장 준비공사

1 해체공사에 따른 소음 · 진동 측정

기기 1 소음 · 진동 표시장치

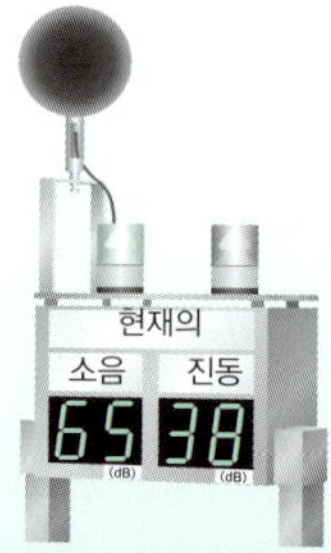

소음진동 표시장치/ SVP-200

설치상황

현장상황

현장내의 소음 · 진동 실태 상황의 정보를 주변 지역에 공개하고 싶다!

수도권 근교의 도시가 팽창됨으로써 구(區)가 분리되어 인근 군 · 면 · 리를 합병하여 새로운 시(市)로 승격됨에 따라 지하3층을 포함한 RC조 15층짜리 새로운 시(市)의 신청사가 건설되었다. 신청사가 준공됨에 따라 지은 지 40년 되는 지하 2층을 포함한 RC조 6층짜리 기존의 구(舊) 청사는 해체공사를 하게 되었다. 구 청사 부지 주변은 단독주택이 늘어선 한적한 주택가이다.

측정 목적

해체 중에 발생하는 소음 · 진동은 지역 주민의 생활환경에 큰 영향을 미칠 것으로 예상된다. 특히 구청사 주변지역은 40년 전에 비해 주택이 늘어나 해체공사시 세심한 주의를 기울여 공사를 해야 한다. 이러한 상황에서 당 해체 현장 내에 발생하는 소음 · 진동의 측정결과 정보를 주변 지역의 주민에게 알리고 앞으로의 작업을 원활하게 실시할 수 있도록 하는 것을 목적으로 한다.

측정기 제원

제품명	소음진동표시 장치 / SPV-200
제조업체	SOR · TECH(일본)
표시범위	20~99dB, 1레인지로 교체 불필요
표시기	초고휘도, 적색 LED, 2행, 문자높이 98mm
표시주기	1초 / 1회
회전등	설정치를 넘으면 작동하며 설정치 이하가 되면 10초 후에 정지 (설정치는 1dB마다 변경가능)
본체수납케이스	방적구조
AC출력단자부착	레벨코더 기록용
사용온습도범위	0~45℃, 35~60Hz,45VA
공급전원	AC 100V,50~60Hz,45VA
외형치수(본체)	약540(W)×480(H)×230(D)mm
중량(본체)	약 19kg
자립스탠드	높이 1.2m(옵션)

취급요령

1. 기기개요

소음진동표시장치는 디지털 표시와 회전등에 의한 경보로, 현장에서의 정보 개시에 효과를 발휘한다. 주요 특징은 다음과 같다.

① 소음레벨 · 진동레벨의 순간치를 1초마다 대형 디지털 표시기에 표시한다.

② 규제치(설정치)를 넘으면 회전등이 작동한다.

☞ (제 12장. 부록12.1의 "특정 건설작업의 소음과 진동" 참조)

③ 떨어진 장소에서 PC를 이용하여 실시간 표시와 데이터 수록이 가능(전용 소프트웨어사용)

④ 레벨기록기나 데이터 처리기를 사용할 수 있다.

⑤ 사용기기의 교정증명서를 발행할 수 있다.

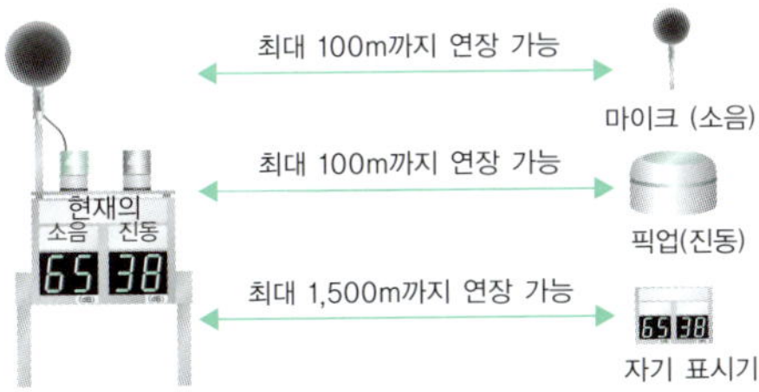

소음진동 표시장치 시스템 개념도

유사기기

보통소음계 / NL-22, 진동레벨계 VM-52A

소음 · 진동 측정 포인트가 다수 있는 경우는 보통소음계와 진동레벨계를 이용해 레벨기록기에 기록을 하면 된다.

(제조업체 : 리온/일본)

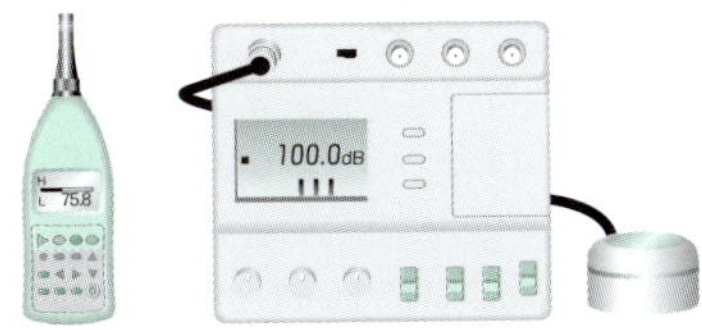

보통소음계　　진동레벨계

❖ 자체품질검사 포인트

☞ 상설형 소음 · 진동계를 이용할 경우에는 도난이나 파손에 주의할 것

☞ 측정 포인트는 일반적으로 많이 있지만 표시장치는 대표적인 포인트에 설치하고 그 외의 측정포인트에 대해서는 별도의 측정기기(상기 '유사기기' 참조)를 휴대하여 대응한다.

☞ 본체 이외에 자기(子機)를 1,500m이내이면 설치할 수 있으므로 도로 경계가 2면 있는 경우에도 대응할 수 있다.

2 지반의 지지력

기기 2 간이정적원추관입시험기(簡易靜的圓錐貫入試驗器)

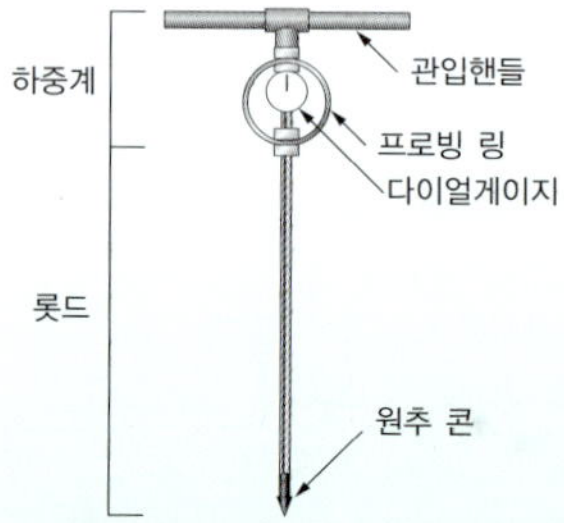

컴페네트로미터 S-217

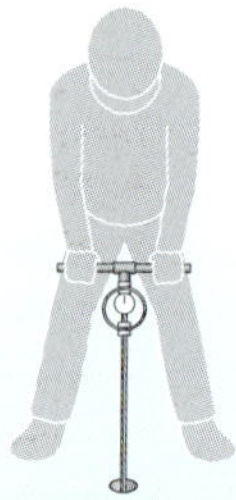

관입작업

현장상황

시공기기의 주행에 견딜 수 있는 지반인지 알고 싶다!

부지면적이 4,540㎡이고 남동쪽에 7층짜리 공동주택이 인접한 현장이다. 건설 예정지는 휴경지이며 연약한 점성토가 주체로 되어있는 지반이다. 앞으로 작업이 진행됨에 따라 GL-30m의 지지층까지 SC(철관콘크리트)말뚝을 시공할 예정이기 때문에 대형말뚝 항타용 중기뿐만 아니라 철골 세우기를 할 때에도 100ton정도되는 이동식 크롤러 크레인이 사용될 예정이다.

측정 목적

해당 작업현장의 지반 지내력에 대한 개요를 조기에 파악하여 시공계획에 반영함과 동시에 중기(重機)를 안전하게 주행시키는 것을 목적으로 한다.

볼링주상도에서 연약지반이라는 것을 알 수는 있지만 표층을 구성하는 매립토 등의 상태까지 표현하지는 못하기 때문에 시공기계의 트래피커빌리티(주행성)까지 파악하기가 어렵다. 현지반의 상태에서 중기 등의 차량 주행이 가능한지, 지반개량을 필요로 하는 지반인지를 파악하여 시공 지반에 대한 대응을 고려한 시공계획을 입안할 필요가 있다.

측정기 제원

제품명	컴페네트로 메타 /S-217
제조업체	서일본 시험기 (西日本 試驗器)
관입력 측정장치	프로빙 링 방식, 1000N
관입롯드	강제: 지름 16mm, 길이500mm, 50mm눈금
선단 콘(이중경강재)	선단 콘(대): 선단각도 30°, 최대단면적 6.45cm² 선단 콘(소): 선단각도 30°, 최대단면적 3.23cm²
금속제 핸들	1
휴대주머니	천으로 됨
링 수납상자	목제
편로 스패너	2
기타	역계대조표

취급요령

1. 기기개요

컴페네트로메타는 차량이 연약지반을 통과할 가능성을 측정하기 위해 개발된 것으로, 가장 조작이 간단한 휴대용 정적 원추관입시험기이다.

선단 콘을 인력에 의해 정적으로 흙 속에 압입할 때 요하는 관입 저항을 프로빙 링(probing ring)의 다이얼게이지로 측정하고 점성토의 대조적 강도, 점착력, 일축압축강도 및 허용지내력 개산치를 구한다.

선단 콘을 지중에 압입할 때의 힘을 바닥면적으로 나눈 값이 콘지수이며, 지반의 강도를 나타내는 지표이다.

2. 검사순서

① 장치를 지면에 수직으로 세운다. 자중에 의해 침하되는 경우에는 침하가 멈춘 깊이부터 시작한다.

② 이 상태에서 작용계기의 바늘이 0이 되었는지를 확인한다.

③ 이어서 약 1cm/s의 속도로 원추 콘을 압입한다. 원추 콘의 표면이 지표면을 통과했을 때 최초의 작용계기의 수치를 읽고 이후 10cm마다 관입 저항을 읽는다.

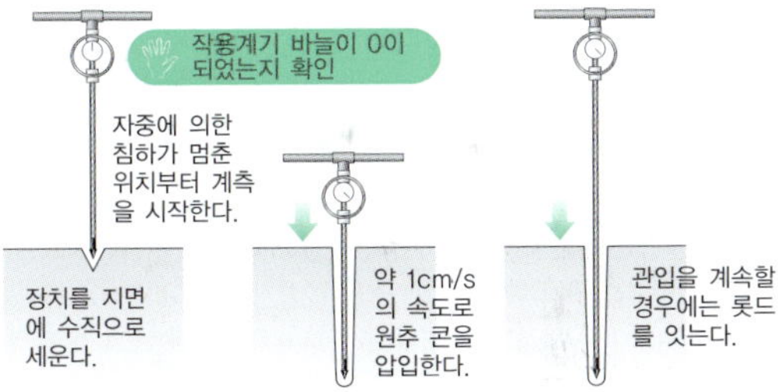

관입방법

유사기기

스웨덴식 관입시험기

표준관입시험의 보조법으로 옥석을 제외한 모든 토층에 적용할 수 있는 스웨덴식 관입시험기가 있다. 특수한 스크루 포인트에 분동을 재하시켰을 때의 관입량 및 회전관입을 측정하여 원위치에서의 흙의 굳기, 다짐상태, 또는 토질의 구성을 판정한다. 컴페네트로메타에 비하면 취급이 어렵고 전문적이다. (제조업체 : 서일본 시험기 외)

❖ 자체품질검사 포인트

☞ 컴페네트로메타는 널리 보급되어 있지만 재하속도(관입속도)가 빨라지면 콘지수가 커지는 등의 개인차이가 생기기 때문에 주의를 필요로 한다.

☞ 컴페네트로 메타는 원칙적으로 GL-3까지의 측정이 가능하다.

☞ 계측은 2인 1조로하는 것이 좋다. 한명이 계측기를 압입하고 다른 한명은 다이얼게이지를 확인하면 측정치의 오차를 막을 수 있다.

3 매설배관조사

기기 3 철관 · 케이블 탐지기

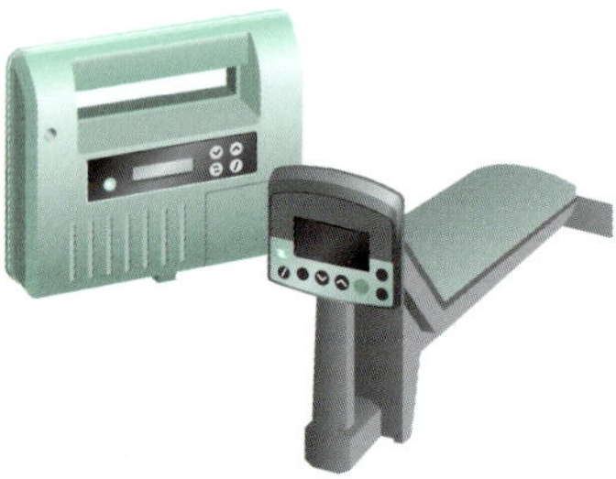

철관 · 케이블 탐지기/PL-960

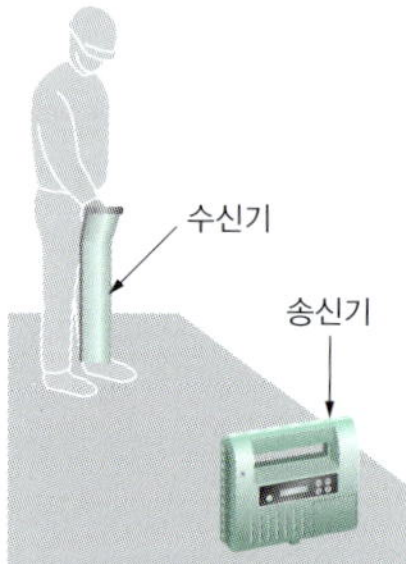

탐사상황

현장상황

매설배관 등의 위치와 깊이를 확인하고 싶다.!

의료시설의 5기 공사로 2기에 지었던 지하3층을 포함한 RC구조 9층짜리 C병동에 외래 의료센터를 증축하게 되었다. 1기 공사의 준공으로부터 27년이나 경과되었고 4기 공사까지 수주한 건설회사가 모두 달라 이번 건설이 예정된 부지 내의 매설배관 위치를 알 수 있는 도면이 남아 있지 않다는 것을 알게 되었다.

측정 목적

매설배관 위치를 알지 못할 경우 굴삭을 할 때 살피면서 진행하는 것이 가능하지만, 만일의 경우 기존의 병동으로 영향이 미치지 않도록 하는 것을 고려하면 상당히 위험부담이 있다. 토공사에서 대부분의 범위를 굴삭하게 되기 때문에 사전 단계에서 매설배관의 위치를 안전하고 효율적으로 확인하는 것을 목적으로 철관 · 케이블 탐지기를 사용해 조사하며 그 결과를 바탕으로 공사를 진행할 굴삭공사계획을 수립한다.

측정기 제원

제품명		철관 · 케이블 탐지기 / PL-960
제조업체		후지테콤(일본)
위치탐지 (차동안테나 선택시)	심도	1.2m : ±2cm이내 2m : ±5cm이내 5m : ±25cm이내
심도탐지	심도	1.2m : ±5%이내 2m : ±5%이내 5m : ±10%이내
탐지거리 ("저주파수" 선택시)	차동 안테나	유도법 : 260cm±10% 직접법 : 400cmc±10%
	바 안테나	유도법 : 400cm±10% 직접법 : 450cmc±10%
가동심도 탐지범위		0m 이상 5m 미만

취급요령

1. 기기개요

매설 철관이나 매설 케이블이 지닌 주파수에 대응할 수 있도록 3종류(27kHz, 83kHz, 334kHz)의 발신주파수를 동시에 자연파법(공중의 라디오를 받아 자계를 발생시키는 현상)에 의한 탐사도 가능하다. 한번 송신기의 출력을 세팅(setting)하면 송신기 바로 아래부터 100m 정도 떨어진 위치에 있더라도 수신측의 조작으로 탐지가 가능하다. 또한 수신기가 매설철관이나 매설 케이블 중 어느쪽에 있는지 패널 표시로 간단하게 확인할 수 있다.

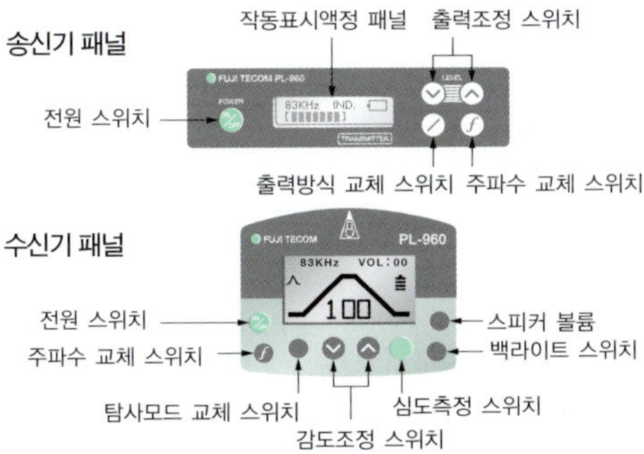

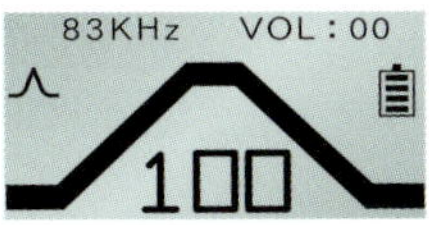

최대법: 수신기가 매설철관 등의 바로 위에 있다는 상태를 표시

심도 표시: 매설 철관 등의 중심까지의 심도를 디지털로 표시

패널 표시예

유사기기

지중탐사 레이더 / NJJ-96

전자파 레이더 방식에 의해 금속물 뿐만 아니라 염화비닐관 등의 비금속물 이외에도 공동(空洞) 등의 탐사까지 단시간에 탐사할 수 있다. 탐사 심도는 0~2m, 모니터 표시화면은 터치패널 방식이며 수직단면표시, 반사파형도 동시에 표시한다. 규격은 530(W)×620(H)×880(D)이며 중량은 65kg이하 이다. (제조업체 : 일본무선 日本無線)

❖ 자체품질검사 포인트

- ☞ 배관이 한꺼번에 매설되어 있는 경우 그중 1개의 매설위치, 깊이를 탐지하는 것은 곤란하다.
- ☞ 다짐바닥이나 포장 내에 철근이 들어있는 경우에는 배관위치를 탐지하지 못하는 경우가 있으므로 주의할 것.
- ☞ 송전선 아래 등 자계가 흔들리는 곳이나 노면이 젖은 곳에서는 탐지가 불가능하다.
- ☞ 피그홀드 기능이 있으므로 목적 배관을 놓치지 않는다.

1 반출차량의 과적재 방지

기기 4 전자식 포터블 중량측정장치

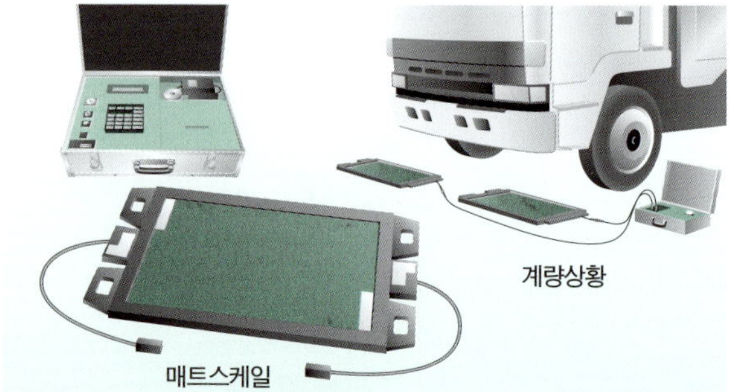

현장상황

과적재를 미연에 방지하고 싶다!

부지면적 110,000㎡인 구시가지의 재개발사업계획이 실시됨에 따라 SRC구조 9층짜리 및 6층짜리 상업시설 2동, RC조 13층짜리 집합주택 1동이 건설되게 되었다.

건설 예정지는 현재 기존 건물이 광범위하게 걸쳐 밀집되어 있어서 해체공사부터 착수해야 한다. 신축건물은 2동의 상업시설이 모두 지하 3층이며 지하의 각층이 연결되어 있어서 대규모 지하공사가 수반되며 대량의 토사반출이 예상되고 있다.

측정 목적

해체공사에 의해 발생하는 콘크리트 부스러기와 굴삭공사로 발생하는 토사를 반출할 때 지역주민에 대한 배려는 물, 법규제에 따른 과적재를 방지하기 위해 반출 차량 모두를 대상으로 계량을 실시하여 기록하기로 하였다. 과적재가 판명되면 신속히 그 자리에서 과적재된 분량을 내려놓는 등 적재량을 조절한다. 당 작업현장에서는 작업효율을 고려하여 전자식 포터블 중량측정장치 3세트를 렌탈하기로 하였다.

측정기 제원

제품명	매트 스케일	
제조업체	일본 다이너매트(전중형기 공업소 : 田中衡機 工業所)	
형식	2000 · DSC(소형차)	2000 · DC(대형차)
매트(센서)수	2매	
사용범위	300~5,000kg/1축	600~20,000kg/1축
최소표시	50kg(5kg표시가능)	50kg(10kg표시가능)
허용하중	200%	
측정축수	12축/max	
종합정확도	±1.5% FS	
측정방법	정지측정(주행측정가능)	

취급요령

1. 기기개요

과적재하주 책임제가 법제화되고, 산업폐기물 처리도 중량으로 관리하는 것이 의무화 되었다.

매트스케일은 계량법에 의한 특정 계량기이며 거래증명으로 사용할 수 있다. 운반이 간단한 매트식이며 노상 등 평탄한 장소에 설치한다. 기본적으로 프린트가 갖춰져 있기 때문에 순간 계량하여 프린트할 수 있으며 위험한 과적재를 점검할 수 있다.

2. 검사순서

① 검출기(매트)를 평탄한 콘크리트 또는 아스팔트 포장 위에 설치하고 지시계를 세팅한다.

② 지시계의 0kg을 확인하고 차량의 타이어를 매트에 올라가게 한 다음 정지시키고 계량한다.

③ 차량의 축수만큼을 상기 ①, ②의 순서로 계량한다.

④ 토탈 버튼을 눌러 전체중량의 계량을 종료한다.

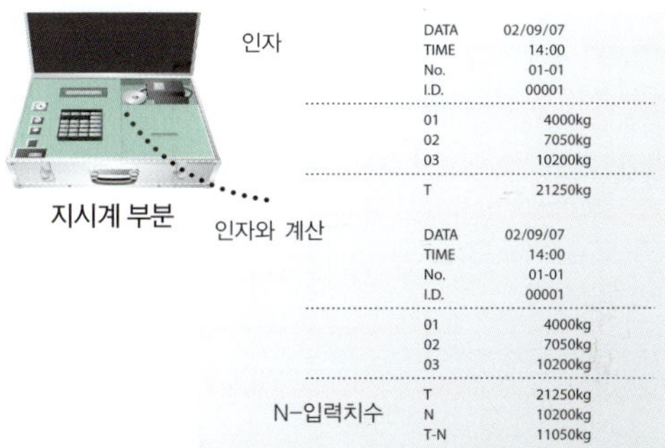

인자 포맷(예)

유사기기

로드 미터 / JUMBO III

포터블 차량계량기로 표준 4매의 매트가 1세트로 되어 있으며 표시기는 별도이고 4축의 적재 데이터를 일괄로 표시할 수 있다. 4대당 10ton까지 계량이 가능하다. (제조업체 : 수수본점(守隨本店) / 일본)

❖ 자체품질검사 포인트

☞ 포터블 차량측정장치는 수평인 콘크리트 위라면 대형공사를 하지 않아도 설치가 가능하다.

☞ 내장 배터리로 계량할 경우는 10대 정도까지 측정이 가능하다.

☞ 하중 검출부(매트)는 약1.6cm의 얇은 두께이기 때문에 원활한 계량이 가능하다.

☞ 주행 측정은 속도 6km/h 이하까지 가능하다.

2 지하공사시의 유해가스 측정

기기 5 유해가스 검지기(복합형 가스검지기)

포케터블 멀티가스모니터 측정상황

현장상황

지반면 아래의 유해가스 발생 상황을 확인하고 싶다!

지하 1층을 포함한 RC조 9층짜리 사무소 빌딩 건설지이며, 해당부지는 27년 전까지 쓰레기처리장이었고, 이후 몇m의 토사를 매립하여 현재에 이르고 있다. 공사 착수시 쓰레기 철거가 필수조건이다.

측정 목적

27년 동안이나 토사가 매립된 상태는 유해가스 발생과 동시에 굴삭공사시 산소 결핍의 우려가 있는 곳이다. 이러한 상황에서의 지하공사는 작업전, 작업중 모두 작업원의 안전을 확보하기 위해 복수의 가스를 동시에 측정하는 것이 요구된다.

측정기 제원

제품명		복합형 가스검지기 포케터블 멀티가스모니터 / GX-2001	
제조업체		이연계기(理研計器)(일본)	
검지가스		4성분* 대응가능(1성분, 2성분, 3성분, 대응가능)	
		산소(O_2)	가연성 가스(CH_4)
검지원리		격막칼바니 전지식	접촉 연소식
검지범위	기준렌지(1디지트)	0~25vol%(0.1vol%)	0~100%LEL(1%LEL)
	서비스렌지	25.1~40vol%	–
지시정도(동일조건 이하에서)		±7vol%	±10% LEL
경보정도		±1.0vol%	±10% LEL
외형치수		약56(W)×72(H)×27(D)mm(돌기부 제외)	
중량		약 140g(본체)	
사용온도/습도		-10~+40℃ / 85% RH이하	

* 위 표에 나타난 산소(O_2), 가연성가스(CH_4) 외에 황화수소(H_2S) 및 일산화탄소(CO)의 검지가 가능하다.

취급요령

1. 기기개요

복합형 가스검지기는 4성분(산소 · 가연성가스(메탄) · 황화수소 · 일산화탄소)의 연속동시검지가 가능하며, 맨홀, 공동구, 지하실 피트 등에서의 중독과 산소결핍사고 방지, 그리고 각종 지하공사의 작업현장에서 가연성가스 누설에 의한 폭발 방지 등 모든 작업 중의 안전관리에 활용할 수 있다. 경보기능으로는 부저, 램프, 진동을 갖추고 있다.

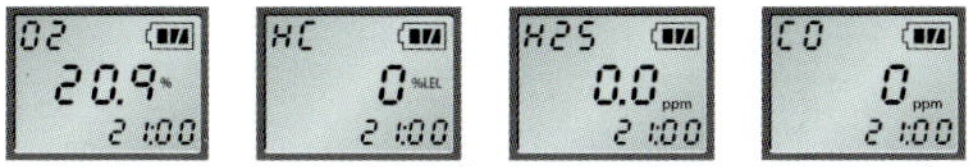

산소 측정 가연성 가스 측정 황화수소 측정 일산화탄소 측정

측정 표시예

산소결핍에 대한 인간의 반응

O_2의 농도	증상	O_2의 농도	증상
21%	자연산소농도	14~9%	의식몽롱, 두통, 구토, 안면창백(티아노제), 전신탈력
18%	안전한계, 연속환기가 필요	10~6%	졸도, 의식소실, 전신근육경련
16~12%	호흡 · 맥박 수증가, 정신집중력저하, 두통, 귀울림, 구토	6% 이하	의식불명, 혼수상태, 호흡정지,심장정지, 6분만에 사망

가연성 가스(메탄 CH_4)의 위험성

위험 · 유독성	발화성 · 폭발성 : 공기와 폭발성 혼합가스를 만든다. 폭발범위=5.0~15.0%
	인체에 대한영향 : 메탄자체는 무해하지만 공기 중의 산소 농도를 저하시켜 산소결핍을 일으킨다.

유사기기

멀티형 가스검지기 / XP-302M

포켓트블 멀티가스모니터와 마찬가지로 4성분의 가스를 동시에 측정하고 동시에 표시한다. 치수는 152(W)×152(H)×42(D)이며, 중량은 약 870g(제조업체 : 신코스모스전기 / 일본)

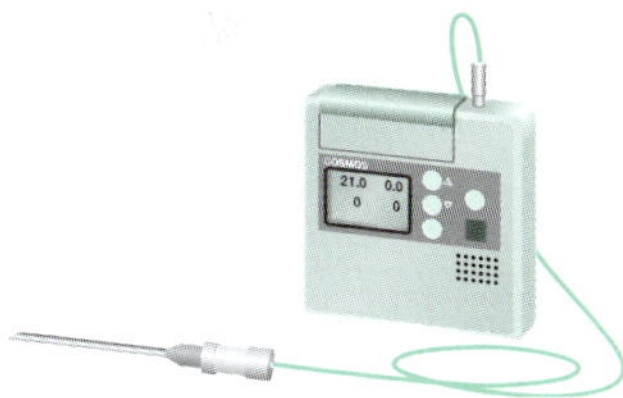

❖ 자체품질검사 포인트

☞ 가스농도 경보는 안전도를 감안한 수위(level)로 설정되기 때문에 경보가 발생하더라도 바로 치사레벨 위험이라고 할 수는 없지만 돌출적 가스 등은 단시간에 위험수위에 도달하기 때문에 경보가 발생하면 즉시 그 구역에서 탈출하거나 빠져나올 것.

☞ 하수도 청소 작업시 작업 중에도 계속해서 황화수소(H_2S) 농도측정이 이루어지고 있다. (노동안전보건법)

1 지하수위

기기 1 지하수위계

밀리온 수위계

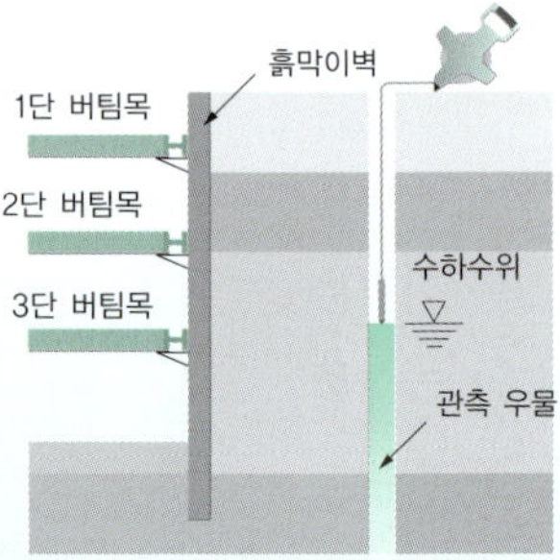

지하수위 확인상황

현장상황

지하 굴삭에 따른 현재의 지하수위를 확인하고 싶다!

부지면적 5,500㎡, 건축면적 1,650㎡, SRC조 지하 3층을 포함한 S조 17층짜리 오피스빌딩에서 굴삭 깊이 16m, 버팀대 3단의 대규모 지하공사가 이루어졌다. 외주부의 흙막이는 현장타설 지하연속벽이며, 칸막이는 버팀기둥 가로판 벽이다. 해당현장에서는 최종 굴삭이 완료되었고 현장조성 말뚝의 말뚝머리 처리작업에 들어갔다. 흙막이 공사의 관리항목 중 하나인 버팀대 축력을 계측하고 있는데 전날부터 계속해서 내리는 폭우 때문인지 제3단 버팀대 축력의 수치가 상승하여 1차관리 수치를 초과했다.

측정 목적

버팀목 축력의 관리수치로 1차 관리치를 중장기 허용응력도로 설정하고 있다. 관측우물에서 현재의 지하수위를 확인하여 지금까지의 흙막이 공사 관리의 계측 경과와 비교해 수위 상승에 따른 측압 증가가 버딤대 축력에 어느 정도 영향을 미치는지, 우기가 앞으로도 계속될 경우의 예측과 대책을 검토하기 위해 지하수위를 확인한다.

측정기 제원

제품명	밀리온 수위계 / ML50M
제조업체	야마요 측정기(일본)
측정수위	50m
검지방식	부저 / 램프
테이프 부분의 사양	① 테이프의 폭 : 12mm ② 테이프의 두께 : 0.45mm ③ 최소 눈금 : 2mm(한쪽면)
센서 부분의 사양	① 센서 재질 :스테인레스 제품 ② 센서 치수: Ø19mm×130mm ③ 센서 중량 : 100kg ④ 센서 전원 : 부속단삼건전지 2개 (연속사용 24시간)

취급요령

1. 기기개요

밀리온 수위계는 난어스(non-earth)형이며 수질에 맞춘 감도조정과 단선 체크기능을 갖춘 두루마리형 수위계이다. 테이프 선단의 센서가 수면에 닿으면 부저음과 램프로 수위를 검지한다.

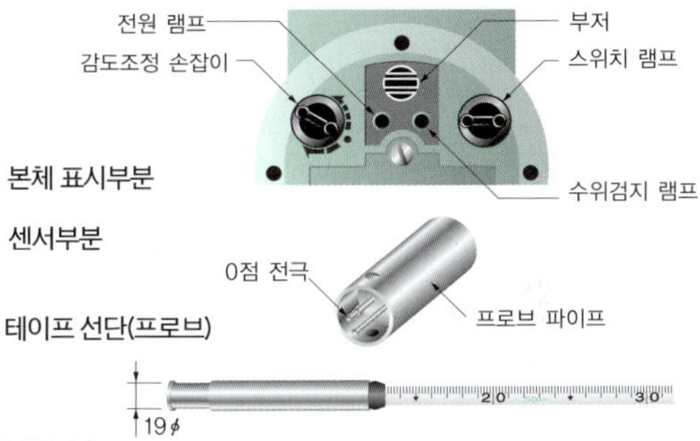

2. 검사순서

측정작업 전에 단선 체크와 수질감도 조정을 하고 관측우물에 테이프 선단(probe)을 내려 부저음과 램프로 수면을 검지했을 때 테이프를 읽는다.

유사기기

(1) 자기수위계(리샤르식) / No.49 - II

센서가 수면에 닿아 검지하는 타입이 아니라 수위변화에 의한 플로트(작동기구부)의 상하 움직임을 기록한다. 수위변화와 그 시간적 경과를 자기원통시계의 차트지상에 연속 기록한다. 기록지는 1일용, 7일용, 31일용이 있어 기록주속도를 선택할 수 있다. 또한 플로트사이즈는 ① ϕ30×L200mm, ② ϕ45×L200mm, ③ ϕ90×L400mm, ④ ϕ180×L200mm의 4종류이다. 측정범위는 표준품인 3m/6m 겸용형, 10m 전용형이 있다. (제조업체 : 대전계기 제작소 / 일본)

(2) 기타, 지하계측기

① 지중침하계(extensometer), ② 하중계(load cell), ③ 응력계(strain gauge), ④ 경사계(inclonometer), ⑤ 간극수압계(piezometer)
이상은 지하 토공사시 점검에 필요한 계측기 들이다.

❖ 자체품질검사 포인트

☞ 발화성이 있는 액체, 도전성이 없는 액체에는 사용하지 않는다.

☞ 염분이나 계면활성제를 포함한 것, 알칼리성이 높은 수질에서는 오작동하는 경우가 있으므로 측정에 적합하지 않다.

☞ 지하수위는 시기에 따라 변동하는 경우가 많으며 피압수위가 예상보다 높은 경우가 있다. 따라서 흙막이공사 시작 전까지 실제 지하수위를 파악하는 것은 예정대로의 물갈이 공법에서 틀린 점이 없는지 판단하는 것이 매우 중요한 요소이다.

1 가스압접부의 외관검사

기기 7 압접부 측정 전용 게이지(SY Gauge)

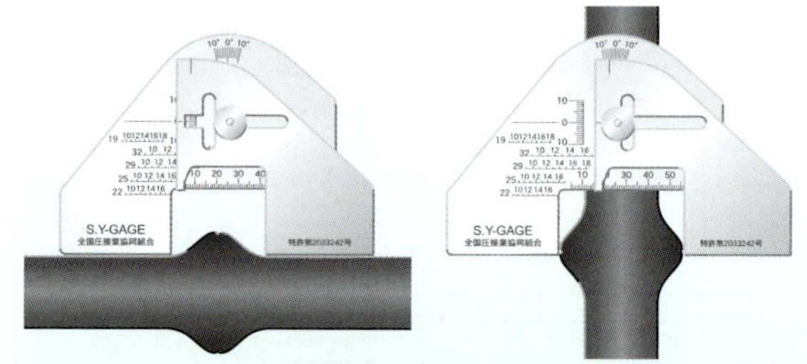

압접부 측정 전용 게이지

현장상황

가스압접부의 부푼 정도와 편심을 확인하고 싶다!

건축면적 2,520㎡, RC조 3층짜리 연구시설로, 현재 일부에서 기초 및 지중보의 철근공사가 시작되었다. 해당 현장에서는 D22~D32까지의 철근을 사용하도록 되어 있으며 철근의 이음은 모두 수동에 의한 가스압접법이 채용되었다.

측정 목적

해당 현장에서의 철근이음 외관검사는 비파괴검사법의 초음파 탐상법을 채용함과 동시에 1롯드인 압접부 200곳에 대해 그 중 30곳에 대한 검사를 하는 것으로 되어있다. 철근이음의 압접작업에 앞서 철근 단면에 유지(油脂) · 도료 등이 부착되어 있지 않은지, 마감은 고르게 되어 있는지, 목귀질(모서리를 둥그스름하게 만듦)이 잘 되어 있는지를 확인한다.

해당 작업현장에서는 이번 공사에 선택된 압접업체가 처음 계약하는 회사이고, 작업장에 배치된 기술직원 중 한 명이 신입사원이었으며 철근공사 관리경험이 거의 없다는 점에서 사원교육의 일환으로 압접부 전체의 육안확인과 30%를 뽑아 검사기구(SY게이지)를 사용한 외관검사를 하기로 하였다. 이음 압접부의 부푼 정도(직경), 부푼 길이, 부풀어서 비뚤어짐, 철근 중심축의 편심량을 각각 측정하고 기준을 만족시키고 있는지 확인했다.

측정기 제원

제품명	SY게이지
제조업체	관동압접협동조합(일본)
측정 항목	① 압접부의 부풀음 직경 · 길이 ② 압접부의 비뚤어짐 ③ 압접부에서 철근중심축의 편심량 ④ 압접부의 절곡
종 류	M 사이즈 : D19~D32측정용 L 사이즈 : D35~D51측정용

취급요령

1. 기기개요

검사용 SY게이지는 압접된 철근의 부풀음을 검사하는 기기이다. 게이지(M사이즈)에 D19~D32의 철근 직경 배율표시 눈금이 설정되어 있으며 그 자리에서 정확하게 실제 배율을 읽을 수 있다. 압접부의 부풀음 직경 외에 부풀음 길이, 비뚤어짐, 편심량, 절곡각도 검사가 가능하다.

☞ (부록 '가스압접부의 합격 여부 판정기준' 참조)

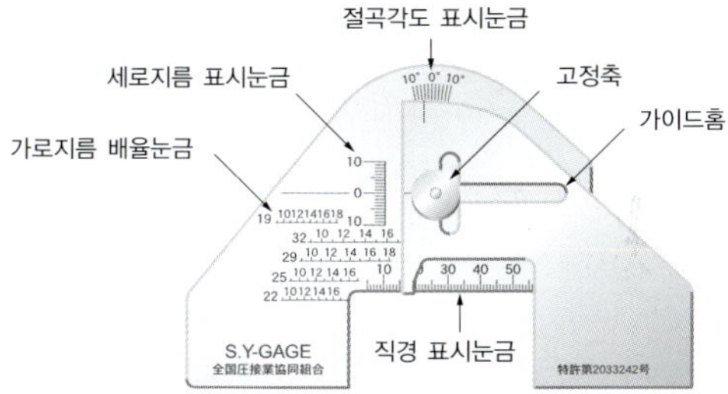

SY게이지 각부의 명칭

2. 검사순서

다음과 같이 압접부에 게이지를 대고 검사한다.

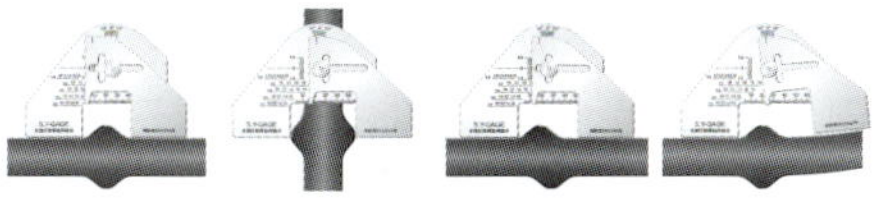

부푼 곳의 가로직경 측정(형상폭) / 부푼 곳의 세로직경 측정(형상지름) / 심 비뚤어짐 측정 / 절곡 측정

압접부의 측정예

유사기기

디지털노기스 / ABS 크랜트프루프캐리퍼

측정 결과가 백분의 1mm 정도이며 디지털로 표시되고 취급이 간단하다

(제조업체 : 미츠토요/일본)

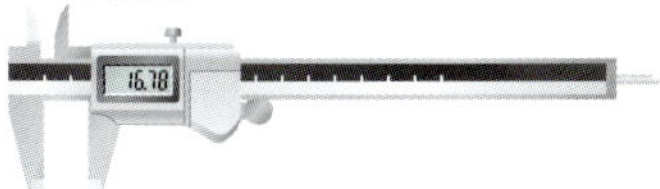

❖ 자체품질검사 포인트

☞ 철근이음 외관검사에서 유해하다고 인정되는 결함으로는 갈라짐 · 움푹 패임 · 처짐 등이 있으며 심한 것은 불합격으로 한다.

☞ 철근이음 외관검사에서 합격 여부 판정기준은 부록의 '가스압접부 합격여부 판정기준'을 참조한다.

☞ 압접할 수 있는 철근에는 제한이 있으므로 주의할 것.

① 이형봉강과 재생이형봉강은 압접할 수 없다.

② 동일한 종류의 철근이라도 지름의 차이가 7mm를 넘는 것은 압접할 수 없다.

1 콘크리트의 염화물량

기기 8 염화물량 측정계

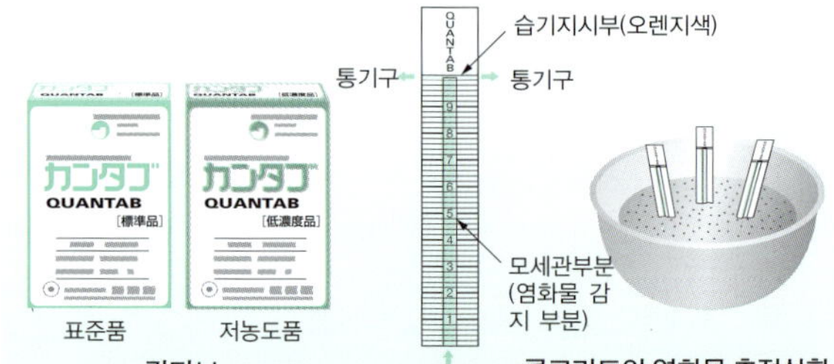

칸타브
콘크리트의 염화물 측정상황

현장상황

콘크리트에 포함된 염화물량을 확인하고 싶다!

RC조 6층짜리 사무소 빌딩으로, 기초콘크리트 타설이 1주일 후로 예정되어 있다. 해당공사에 사용하기로 채택된 레미콘 공장은 두 곳인데 둘다 이번에 처음 계약한 곳들이다. 그 중 한 곳은 세골재에 해사를 사용하고 있다. 이후 두공장에서 시험 실시하여 염화물량이 허용치(0.3kg/㎥)이하임을 확인하였다.

측정 목적

레미콘 현장 반입시 콘크리트에 포함된 염화물량 검사를 실시함으로써 허용량 이상의 염분이 포함되어 있지 않은지 확인하고 염화물이온의 작용에 따른 철근의 부식을 막는 것을 목적으로 한다.

골재는 콘크리트 용적의 70%를 차지하고 있으며 콘크리트의 품질뿐만 아니라 균열이나 박리의 원인을 일으키는 건물의 내구성과 관련된 문제가 되기 때문에 KS F에서는 염화물량을 염화물이온(염소이온)량으로 0.3kg/㎥이하(보통골재에서 염분허용한도는 0.04%이하, 특별히 고려된 경우에는 최대 허용한도를 0.1%까지로 정하고 있음) 로 정하고 있다.

측정기 제원

제품명	칸타브
제조업체	태평양 머티리얼(일본)
종 류	측정범위(수용액 농도 Cl 환산)
측정범위	표준품 : 0.05~0.5 저농도품 : 0.003~0.05 *수용액 농도로 C 리터 환산(%)
특 징	① 정확도가 높고 사용하는 사람의 개인차가 생기지 않는다. ② 전원 등이 불필요하며 운반이 용이하다. ③ 시멘트의 종류에 관계없이 측정할 수 있다. ④ 검사기록을 보존할 수 있다. ⑤ 값이 저렴하다.

취급요령

1. 기기개요

칸타브는 굳지않은 생콘크리트 중의 염분량을 측정하는 것으로 염소이온에 반응하여 갈색시약이 백색(담황색)으로 변화하는 것을 이용하고 있다.

2. 검사순서

① 적당한 크기의 용기에 채취한 시료(생콘크리트)를 넣는다.
② 채취한 시료에 측정계(칸타브)가 넘어지지 않도록 3개를 꽂는다.
(전체 길이의 1/3 정도)
③ 습기지시부(아래 그림참조)가 오렌지 색에서 어두운 청색으로 변화될 때까지 기다려 (약 10분) 변화된 것을 확인한 후에 시료에서 꺼낸다.
④ 모세관 부분(아래 그림 참조)의 색이 다 갈색에서 백색(담황색)으로, 불룩하게 변색된 정점부분을 3개 모두 0.1위치까지 읽는다.
⑤ 첨부된 환산표를 이용해 3개의 각각 염소이온 농도를 구한다. 3개의 염소이온 농도의 평균치를 구한 후 배합표에 있는 단위수량에 평균 염소이온농도를 곱해 염화물 함유량을 구한다.

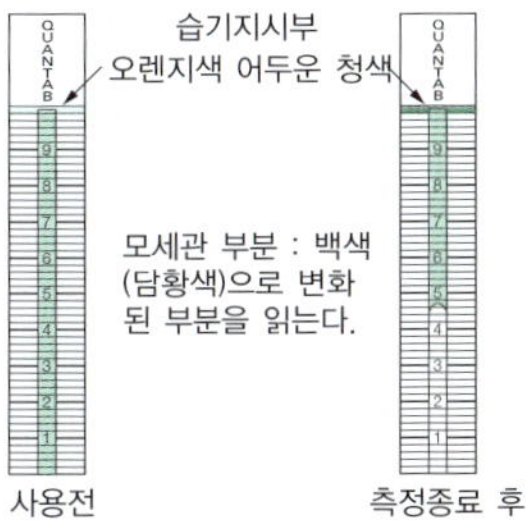

염하물량 측정

유사기기

(1) 염분농도계 Solt

염소이온에만 반응하는 특수회로를 채용하였다, 마이콤을 내정하고 있어 경험이 별로 없는 기술자들도 쉽게 측정이 가능하다. 측정결과는 총량 및 세골재 환산으로 디지털 표시됨과 동시에 카드 프린터로 기록된다.
(제조업체 : 일본 / 요시가와 산업)

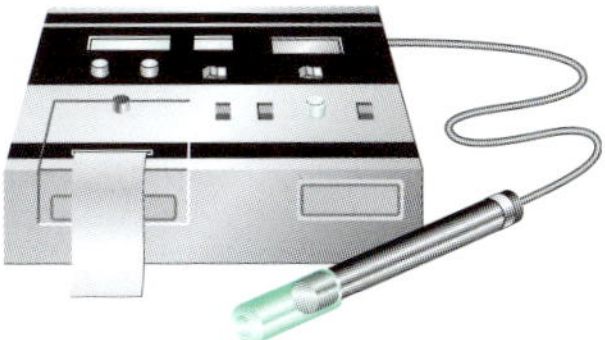

(2) 기타, 염분측정계

(에이신. EB)(일본)
현대 계기 158P(한국)

❖ 자체품질검사 포인트

☞ 염소이온농도 환산표는 반드시 측정계와 함께 포장되어 있는 것을 사용할 것.
☞ 직사광선이나 물기가 많은 곳에서는 측정계 사용을 피할 것.
☞ 측정계를 사용하기 전에 습기 지시부를 젖게 하지 말 것.
☞ 측정을 종료한 것은 시간경과에 의한 변색 진행방지를 위해 검액을 충분히 짜낸 후에 보관한다.
☞ 측정을 종료한 것은 비닐 주머니 등에 넣어 밀봉보관은 하지 말 것.

2 콘크리트 경화시의 발열량

기기 9 콘크리트 양생 기록 온도계

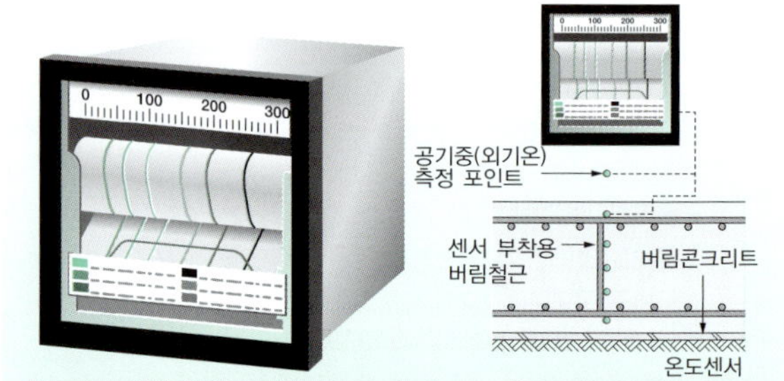

콘크리트양생 기록온도계 / OT-108(12)　　매트슬래브의 온도 측정

현장상황

수화열에 의한 콘크리트의 균열 위험도를 확인하고 싶다!

바닥연면적 1,840㎡, 지하 1층을 포함한 RC조 3층짜리 상업시설의 건설현장에서 건물의 바탕정리가 완료되어 버림콘크리트를 타설한 후, 매트슬래브(두께 1.5m,) 배근과 콘크리트공사를 진행하던 중 콘크리트가 경화됨에 따라 발생하는 수화열에 의한 균열발생이 우려되었다. 해당 작업현장은 총 타설량 2,700㎥의 매스 콘크리트를 타설해야 한다.

측정 목적

콘크리트 타설 직후부터 콘크리트 경화에 의해 발생하는 수화열에 의한 온도 상승과 온도분포 상황을 계측하여 균열위험도를 확인하는 것을 목적으로 한다. 매트슬래브의 중심부 온도를 최대한 억제하고 매트슬래브 표면온도와의 차이를 25℃ 이하로 하는 것을 기대한다.

사용할 콘크리트, 콘크리트 반죽온도, 외기온도를 미리 검토하여 콘크리트 타설계획을 한다. 계획했던 대로의 온도 분포인지 여부를 확인하기 위해 콘크리트 타설하기 전에 온도 센서를 배치한다.

측정기 제원

제품명	콘크리트 양생 기록 온도계 / OT-108(12)
제조업체	대전상사(일본)
측정범위	− 50~100℃
입력신호	T전열대
기록방식	12타점
인쇄속도	12.5, 25, 50, 100mm/h, 빠른편임
기록지	200mm×20m
전원	AC100V, 24VA
사용온도	− 10~50℃
크기	288(W)×288(H)×320(D)mm
중량	13.5kg

취급요령

1. 기기개요

콘크리트내의 온도를 측정하기 위한 온도계로, 열전대를 사용한 온도센서를 철근에 고정하여 측정한다.

2. 검사순서

① 온도센서 부분의 바깥으로 나온 2개의 선을 꼬아서 일체화 한다.

② 측정하려는 포인트(철근)에 센서부분을 고정한다. 콘크리트 타설에 의해 배선이 끊어지지 않도록 그 부분에 비닐테이프로 감싸주고 선이 철근에 닿지 않도록 철근에도 테이프로 양생한다.

③ 콘크리트가 굳고 측정이 완료되고 나면 케이블을 절단한다.

온도센서 부분

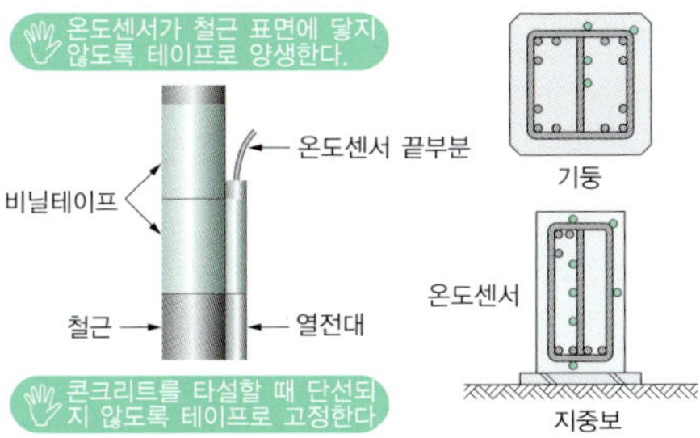

철근에 온도센서를 부착하는 예

3. 저온시 콘크리트 타설

저온시의 콘크리트 타설은 초기 동해에 주의해야 한다. 콘크리트 타설 중 및 타설 후 5일 동안은 콘크리트의 온도가 2℃ 미만이 되지 않도록 해야 한다. 한중콘크리트 시공에서 콘크리트양생 기록 온도계를 활용하는 것이 좋다.

❖ 자체품질검사 포인트

☞ 콘크리트 타설 중에 온도센서 부분이 단선되지 않도록 철근에 비닐테이프로 단단히 고정시킬 것.

☞ 열전대의 온도센서인 끝부분은 철근표면에 접촉되지 않도록 철근에도 테이프 양생을 할 것.

☞ 공기 중(외기온) 측정도 잊지 말고 할 것.

☞ 실외에 콘크리트양생 기록 온도계를 설치하는 경우에는 비바람에 견딜 수 있도록 계측실 등을 가설한 후에 설치할 것.

3 비파괴에 의한 콘크리트 압축강도 측정

기기 10 슈미트해머 / 약재령

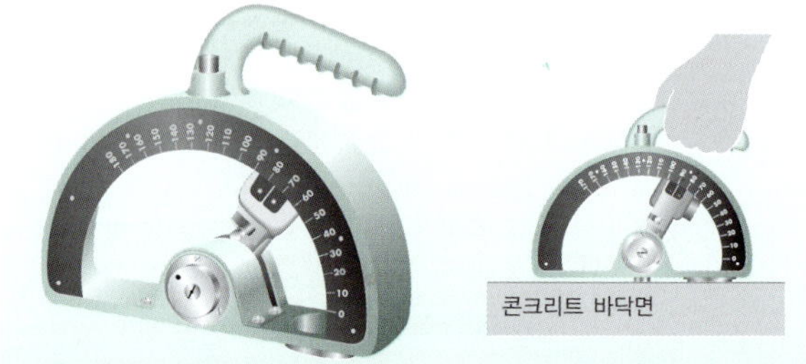

슈미트 콘크리트 테스트 헤머 / P형 콘크리트의 압축강도 측정상황

현장상황

비파괴로 약재령 콘크리트의 압축강도를 확인하고 싶다!

RC조 12층짜리 공동주택의 건설현장에서 12월 초순부터 다음해 3월말까지 지상구체공사를 하기로 예정되어 있다. 그런데 공사기간이 빠듯해 각층의 콘크리트 타설 다음날에도 상층에서 사용하는 철근이나 거푸집 재료의 짐 부리기 외에 타설 층의 거푸집을 조기에 탈형하여 상층에 전용하는 등 공기단축을 목적으로 계획되어 있다.

측정 목적

겨울철에 타설하는 바닥콘크리트의 경우 상층의 작업인 철근공사가 들어가는 시기를 검토하기 위해 초기 동해의 영향을 면할 수 있는 압축강도가 5N/mm^2 이상이라는 점을 참고하여 강도 발현을 하기로 했다. 초기 동해에 대한 콘크리트의 보온기간은 원칙적으로 5N/mm^2 이상이 될 때까지 하는데 초기의 습윤양생에 관해서는 일반적으로 5일 이상 또는 10N/mm^2 이상이면 된다고 되어 있다. 거푸집은 초기의 습윤양생과 보온양생에도 작용하는데 거푸집의 존치기간에 대해서 조건온도와 존치기간의 관계 '건설공사 표준시방서를 참조한다. 시방서에서는 일반적으로 존치기간 이상 경과되면 파괴시험을 하지 않아도 해체할 수 있게 되어있지만, 공적인 문제가 과제로 남는다는 점에서 공사감리자와 협의한 후 거푸집 탈형시기에 대해서도 강도 5N/mm^2 이상으로 승인을 얻었다. 따라서 약재령용 슈미트 콘크리트 테스트 해머를 이용하여 실시했다.

측정기 제원

제품명	슈미트콘크리트 · 테스트해머 / P형
제조업체	후지 물산(일본)
충격에너지	0.88Nm
압축강도	5~30N/mm^2
중량	2.7kg

취급요령

1. 기기개요

콘크리트 테스트 슈미트 해머는 약재령일 때의 콘크리트 표면의 반발경도로 콘크리트의 압축강도(N/㎟)를 측정하는 비파괴식 시험기이다. 해머를 고정하여 수평 또는 수직으로 고정한 위치에서 버튼을 누르면 되기 때문에 조작성이 매우 좋다. 또한 압축강도뿐만 아니라 표면강도를 확인할 수 있기 때문에 내마모성 측정에도 사용할 수 있다.

2. 검사순서

① 해머를 세팅한다. ② 버튼을 누른다. ③ 측정 표면 부위로부터의 반발경도를 확인한다.

반발경도에 의한 콘크리트 압축강도 측정

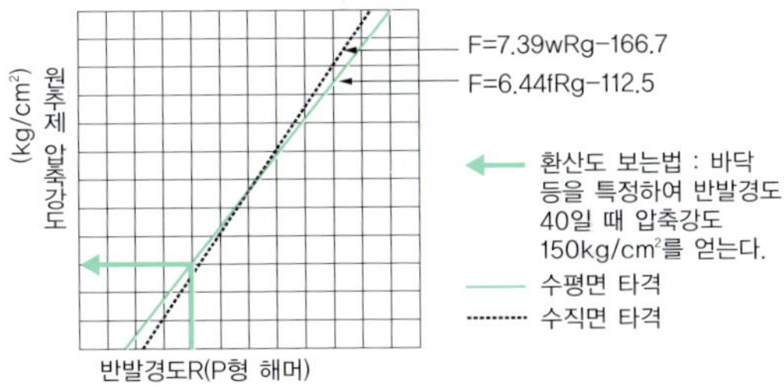

반발도- 압축강도 기준 환산도

유사기기

(1) 콘크리트 테스트 슈미트해머 / PT형

저강도용 콘크리트 테스트용 슈미트해머로 압축강도가 0.2~5(N/mm²)인 범위를 측정한다. 석고나 경량콘크리트를 주요 측정대상으로 한다. (제조업체 : 후지 물산/일본)

(2) 콘크리트 테스트 슈미트해머 / N형, NR형, L형, M형

(이들 형식 기기들은 일반적으로 4주이상 압축강도 측정에 사용된다. 국내에서는 보편적으로 N형, NR형을 사용하고 있다.)

형식	충격에너지 (kg.m)	강도측정범위 (kg/cm²)	자중	용도
N형	0.225	150~600	1.0	보통 건축물과 교량구조물의 콘크리트에 사용
NR형	0.225	150~600	1.4	N형과 동일하지만, 기록장치가 부착되어 있다.
L형	0.075	100~600	1.2	N형의 축소판으로 경량콘크리트나 인공식의 작고 충격에 민감한 부분을 시험하는데 사용
LR형	0.075	150~600	1.2	L형과 동일하지만, 기록장치가 부착되어 있다.
P형, PT형	0.090	50~150	2.7	가벼운 건축자재, 포장재 같이 경도와 강도가 낮은 물질을 시험하는데 사용, 저강도 콘크리트(5~25n/mm²) 시험에 적합.
M형	3.0	600~1000	12.0	콘크리트 도로포장과 비행장 활주로, 댐, 암반등의 매스콘크리트를 시험하는데 적합하다.

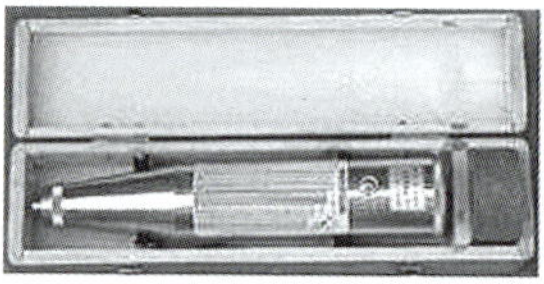

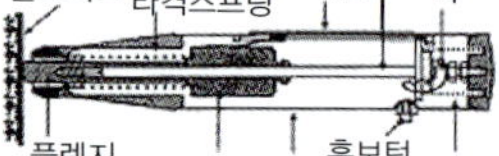

콘크리트 테스트 슈미트 해머 N형 구성도

❖ 자체품질검사 포인트

☞ 콘크리트 표면이 부드러울 때 검사를 하면 해머의 충격으로 콘크리트표면에 약간의 패임 흔적이 남기 때문에 바닥표면상에서의 측정은 주의를 요한다.

☞ 저강도용 슈미트콘크리트 · 테스트해머/ PT형 등도 마찬가지이지만, 해머 충격위치의 콘크리트 표면 요철상태와 조골재 유무가 반발경도에 크게 영향을 미치기 때문에 강도확인은 확인 범위 내에서 10개소 이상의 포인트에서 실시하는 것이 바람직하다.

☞ 콘크리트 표면이 부드러울 때 검사를 하면 해머의 충격으로 콘크리트표면에 약간의 패임 흔적이 남기 때문에 바닥표면상에서의 측정은 주의를 요한다.

☞ 저강도용 콘크리트 테스트 슈미트해머 / PT형 등도 마찬가지이지만, 해머 충격위치의 콘크리트 표면凹凸(요철)상태와 조골재 유무가 반발경도에 크게 영향을 미치기 때문에 강도확인은 확인 범위 내에서 10개소 이상의 포인트에서 실시하는 것이 바람직하다.

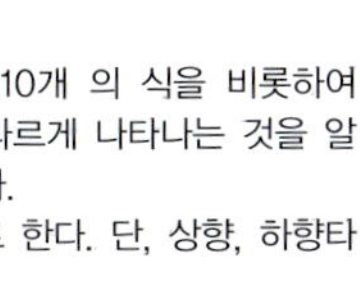

☞ 4주 이상 콘크리트 압축강도 추정 식으로는

① 일본 재료학회식 Fc=(13 · R−184)× α,

② 일본 건축학회식 Fc=(7.3 · R+110)× α

동경건축재료검사소식 Fc=(10 · R−110)× α, 등 통상 7~10개 의 식을 비롯하여 80여 개의 식이 있으나, 추정 식에 따라 강도의 차이가 다르게 나타나는 것을 알 수가 있다. 주로 일본재료학회식으로 산출하는 경향이 많다.

☞ 검사시 마감재를 제거한 후에 실시하고 타격각도는 직각으로 한다. 단, 상향, 하향타격시일 때는 각도보정을 해야 한다.

콘크리트 재령에 따른 보정치의 값(α)

재령	10	20	25	50	100	150	200	300	500	1000	3000
α	1.55	1.15	1.00	0.87	0.78	0.74	0.72	0.70	0.67	0.65	0.63

1 용접부 검사

기기 11 철골용접 게이지

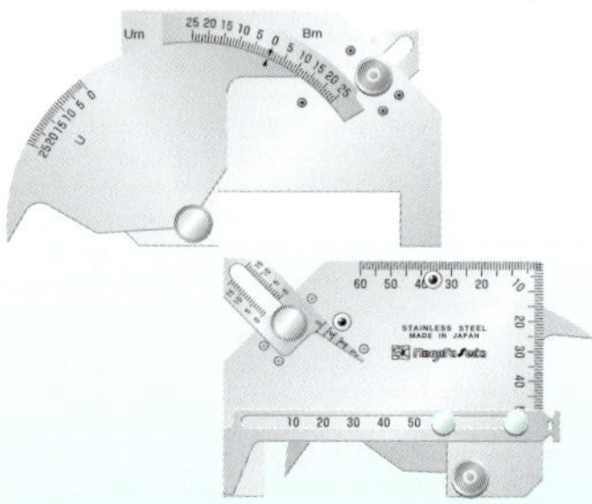

용접 게이지 / WGU-8M(상 : 표면, 하 : 속면)

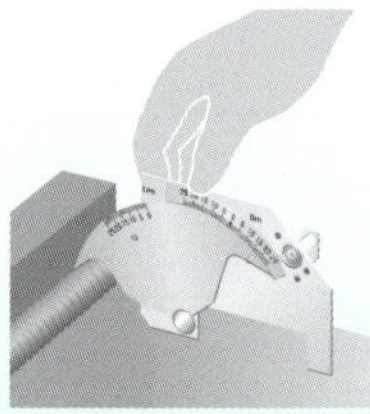

더쌓기 높이 확인상황

현장상황

철골 제품의 모살용접 부분의 육안검사를 하고 싶다!

바닥면적이 8,700㎡인 S조 5층짜리 공장으로 현장 앵커볼트 정착이 완료되었고, 다음 주부터 철골세우기가 시작될 예정이어서 공장 가공된 철골제품이 현장으로 들여오기로 되어있다. 이번에 사용하는 철골제품은 처음 거래하는 철골가공업체(패브리케이트)의 제품으로 철골용접부분 등의 제3자 검사(반입검사)에서 특별히 문제되는 점은 없었고 철골제품검사도 무사히 종료되었다.

측정 목적

철골용접부분 등의 제 3자 검사는 주로 초음파 탐상법(UT)으로 하며 용접부에 대한 갈라짐이나 내부결함 등 구조내력상 지장을 초래하는 결함이 없는지 검사하는 것이다. 또한 현장에서는 모살용접 확인이 건성으로 대강 이루어지기 쉽기 때문에 철골제품 반입시에도 언더 컷 유무와 각장길이, 모살의 목두께를 중심으로 용접게이지를 사용한 육안검사를 실시하기로 했다.

측정기 제원

제품명	용접게이지 / WGU-8M
제조업체	니이가타 정기(일본)
재질	스테인레스 강
측정범위	① 판 두께, 비드 폭 측정 : 0~약52mm ② 둥근 것 등 압접용접 외경 측정 : ϕ30mm ③ 어긋남 단차 측정 비드 갈라짐 폭 : 약53mm ④ 맞댐 단차 측정 : 0~약 25mm ⑤ 언더 컷 측정 : 0~25mm ⑥ 베벨 각도 · 개선 각도 측정 : 0~70° ⑦ 모살 다리길이 측정 : 0.25mm ⑧ 모살 더쌓기 측정(버니어 : 0~15mm ⑨ 틈새간격 측정(버니어) : 2~5mm ⑩ 판 두께 측정(직각길이) 세로눈금 : 50mm ⑪ 가로눈금 : 60mm

취급요령

1. 기기개요

용접 게이지에는 여러 종류가 있으며 여기서 소개하는 게이지는 그 중 하나에 불과하다. 육안검사로 할 수 있는 것은 제한되어 있으나, 아래와 같이 용접 게이지의 사용방법을 그림으로 표시하였다.

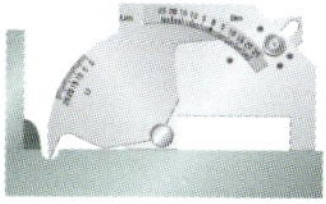
① 언더 컷 깊이 측정 (0~25mm)

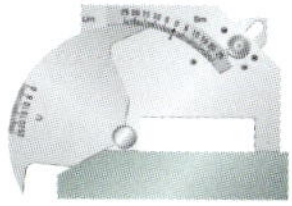
② 베벨각도 · 개선 각도 측정 (0~70°)

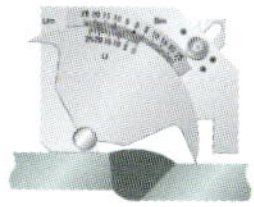
③ 어긋남 단자 측정, 비드 갈라짐 폭(53mm), 맞댐단자 측정(0~25mm)

④ 모살 다리 길이 측정 및 비드의 고저관리 (0~25mm)

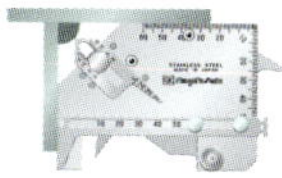
⑤ 모살 목두께 측정 (0~15mm)

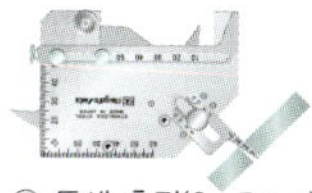
⑥ 틈새 측정(2~5mm)

⑦ 판 두께 측정(직척)

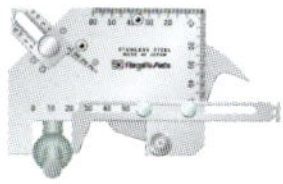
⑧ 둥근 형태의 외경 측정, 압접 후의 부풀음 측정 등

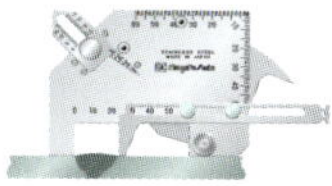
⑨ 비드 폭 측정(0~52mm)

용접 게이지 사용법

유사기기

용접 게이지 / WG -1(왼쪽 그림), 용접 게이지 / AWG-10(오른쪽 그림)
(제조업체 : 니이가타 정기/일본)

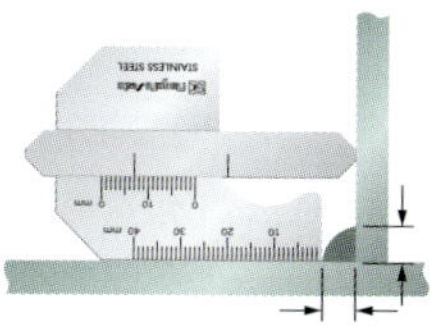
각장측정(脚長測定) 예

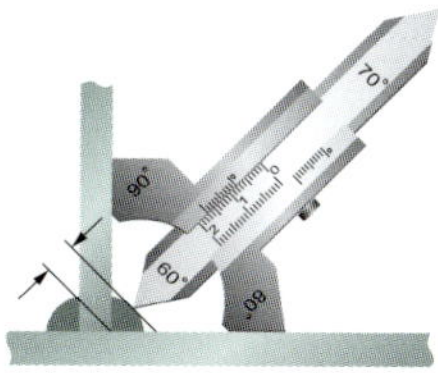

모살 목두께 측정 예

❖ 자체품질검사 포인트

☞ 모살용접 부분에 관해서는 다음과 같은 육안검사 항목을 주의할 것.
① 비드 길이 ② 언더 컷 ③ 오버랩 ④ 피트 ⑤ 표면 갈라짐 ⑥ 더쌓기 모양 등

☞ 현장용접 작업에서는 다음과 같은 점을 주의하여 여러 차례 확인할 것.
① 기둥 용접은 불꽃양생(보호)을 위해 방풍시트를 사용해서 실시한다.
② 용접전류 · 전압에는 적절한 예열을 하고 공정작업이 완료되는 동안(작업Pass간) 온도관리를 실시한다.

2 용융 아연 도금의 피막두께 측정

기기 12 듀얼타입 막후계(膜厚計)

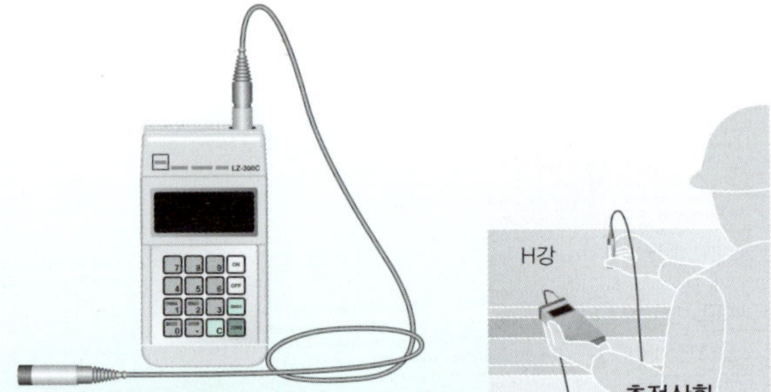

듀얼타입 막후계 / LZ-300C

현장상황

바탕철골이 일정한 아연도금 피막두께인지 확인하고 싶다!

건설중인 S(철골)조 21층짜리 사무소빌딩으로 옥상에 설치한 설비 가대 및 옥상을 가리기로 한 금속패널의 바탕철골이 반입되었다. 해당 건물은 임해지구에 건설되기 때문에 바탕철골의 표면처리는 녹이 잘 슬지 않는 용융아연도금으로 지정되어 있다. 건설공사 시방서에는 아연도금 부착량이 당초 550g/㎡(HDZ55)로 되어 있었지만 설계변경에 의해 500g/㎡이상(HDZ50)이 되었다.

측정 목적

철골 반입시의 현장반입 검사로서 바탕철골의 용융아연도금이 일정 피막두께인지 확인함과 동시에 설계변경으로 지정된 아연도금 부착량을 보존하고 있는지 확인하는 것을 목적으로 실시한다. 1㎛당 7.2g/㎛의 환산치로 계산하면 이번 도금량은 두께로 하면 70㎛ 정도가 되는데, 현장에서는 전량을 일일이 세부적으로 검사하기 어렵기 때문에 일부만 발췌하여 검사하기로 하고 피막두께 100㎛를 기준으로 실시하였다.

측정기 제원

제품명	듀얼타입 막후계 / LZ - 300C	
제조업체	케트과학 연구소(일본)	
측정방식	전자 유도식	고주파식
측정대상물	자성금속상의 비자성피막	비자성금속의 절연피막
측정범위	0 ~ 1500㎛	0~800㎛
측정 정확도	50㎛ 미만 : ±1㎛, ㎛50이상 : ±3%	
분해능력	100㎛ 미만 : 0.1㎛, 100㎛ 이상 : 1㎛	
최소측정면적	5×5mm	
사용온도범위	0~+40℃	
치수 · 질량	75(W)×31(H)×140(D)mm, 500g	
Probe 치수	ϕ12×72mm	
적용규격	ISO 2178 / ISO 2360 / DIN50981 / DIN50984 / DIN50982 / ASTM B244 ASTM B499 / BS 5411	

취급요령

1. 기기개요

듀얼 타입 막후계는 철 및 비철금속상의 얇은 도금부터 두꺼운 도장까지 비파괴에 의해 측정할 수 있으며, 전자식과 고주파식 두 가지 측정기능을 갖추고 있다. 전자식 측정대상은 자성금속의 비자성피막(Fe 프로브), 고주파식 측정대상은 비자상금속상의 절연피막(NFe 프로브), 또한 리미트 기능을 갖추어 대상 막두께의 상한치와 하한치를 설정함으로써 설정범위 외의 막두께를 측정하면 부저음으로 경고함과 동시에 마크가 표시된다.

☞ 부록 12.3의 '아연도금의 종류와 두께' 참조

2. 검사순서

① 프로브를 측정대상의 바탕 재질에 맞추어 선택하고 본체에 부착한다.
(프로브의 세팅은 전원 OFF 상태에서 한다.)

② 측정대상에 대해 이미 조정이 이루어졌는지 확인하고 미조정일 때는 조정 조작을 하여 검량선을 등록한다.

③ 프로브를 측정면에 수직으로 닿도록 신속히 누른다. 다음 측정은 프로브의 선단을 측정면에서 10mm 이상 떨어뜨려서 한다.

모니터(표시) 부분

유사기기

(1) 초소형 막후계 듀얼 스코프 / MPOR

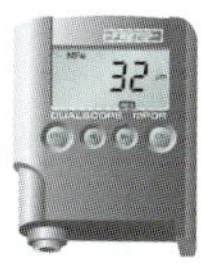

앞면과 뒷면에 두 개의 표시화면이 있으며, 어떤 측정위치에서나 막두께를 읽어낼 수 있다. 측정방식은 전자방식과 과전류방식을 자동선택하고 측정범위는 0~2,000㎛, 치수 · 중량은 64(W)×85(H)×30(D)mm, 60g으로 소현 경량의 막두께 측정기이다. (제조업체 : 피셔 인스트루먼트/일본)

(2) 디지털막후계

① A456Standard(Digital Coating Thickness Gauge)
(제조업체 : 영국 / 엘코메타(Elcometer)

❖ 자체품질검사 포인트

☞ 기계를 사용하기 전에 반드시 조정을 할 것. 조정은 도금이나 도장 등의 피막이 덮여 있지 않은 '바탕'과 기계의 부속인 '표준판'을 조합하여 측정할 피막두께에 맞춰서 한다.

☞ 표준판은 정밀하게 두께를 측정할 수 있으며, 흠이 있는 곳이나 구부러진 곳에서 조정하면 정확한 측정을 할 수 없으므로 취급에 주의할 것. 특히 가장 얇은 10㎛의 표준판 소모에 주의할 것.

1 콘크리트 바탕의 함수율

기기 13 콘크리트 · 모르타르 수분계

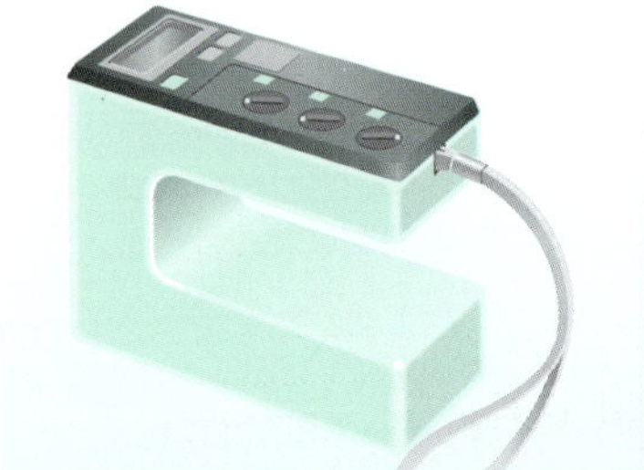

콘크리트 · 모르타르 · ALC 수분계

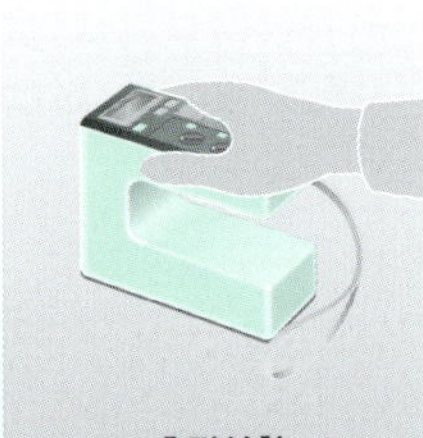

측정상황

현장상황

방수바탕의 함수율이 규정치를 만족하고 있는지 확인하고 싶다!

3월말 준공까지 약 1개월 남겨 놓은 RC조 8층짜리 연구시설로, 2주 전에 최상층의 바닥콘크리트 타설이 완료되었다. 다음 주부터 날씨가 좋지 않다는 기상예보를 듣고 이번주 중에 2,000m^2의 노출방수인 옥상아스팔트방수공사(노출사양)를 마치려고 한다. 최상층의 바닥콘크리트 타설 후에는 다행히도 날씨가 좋았지만 겨울철 시공이라는 점도 있고 방수바탕의 건조상태가 규정치 이하인지 판단하기 어려운 상황이었다.

측정 목적

현장타설 콘크리트 바탕의 시공 적정 재령은 겨울철의 경우 일반지역에서는 3주, 방수바탕으로써의 콘크리트 표면 적정 함수율은 8% 이하이다. 해당 건물은 일반 지역에 있으며 방수바탕의 건조상황을 판단하기 위해 실시한다.

측정기 제원

제품명	콘크리트 · 모르타르 · ALC 수분계 / HI – 520
제조업체	케트 과학연구소 (일본)
측정방식	고주파용량식(20MHz)
측정대상	인공 경량골재콘크리트, 석고보드, 모르타르, 콘크리트, ALC 모르타르
측정범위	인공 경량골재콘크리트 : 0~23% 석고보드: 0~50% 모르타르 : 0~15% 콘크리트 ; 0~12% ALC 모르타르 : 0~100%
측정 정확도	콘크리트, 모르타르 : ±0.5%
표시방법	디지털(LCD, 표시 최소행의 0.1%)
전원	전지 9V, 6LR6I(006P 알칼리)×1
치수	56(W)×10(H)×30(D)mm.
중량	약 300g(전지 불포함)

취급요령

1. 기기개요

콘크리트 · 모르타르 · ALC수분계는 소형 · 경량의 수분계로 인공 경량골재콘크리트, 석고보드, 콘크리트, 모르타르, ALC모르타르 등의 수분측정이 가능하다. 다이얼에 의한 측정대상을 선택, 온도 보정 · 두께 보정 기능을 갖추고 있기 때문에 측정물에 갖다 대기만 하면 수분을 직접 디지털로 표시해 준다. 또한 설정치를 넘었을 경우에는 알람기능과 표시 값의 홀드기능 등 여러가지 기능도 갖추고 있다.

2. 검사순서

① 미리 두께 · 온도 보정 다이얼을 세팅하고 대상물에 가볍게 갖다 댄다.
② 내장 마이콤이 자동으로 온도 보정을 한다.
③ 표면으로부터 내부 40mm까지의 평균수분을 측정할 수 있기 때문에, 표면과 내부의 수분차이도 측정이 가능하다.

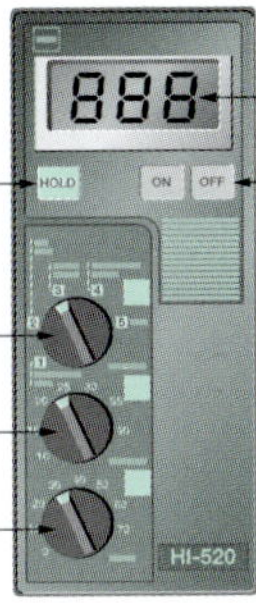

조작 · 검출부

유사기기

모르타르 · 목재수분계 / MT-8A

모르타르 면에 에폭시계 수지를 도포하기 위한 최적의 시기를 결정할 때 사용하는 건조도 측정계기이다. 측정방식은 전기저항식이며 센서를 모르타르 표면에 갖다 대면 간단하게 측정이 가능하도록 되어있다. (제조업체 : 케트과학연구소/일본)

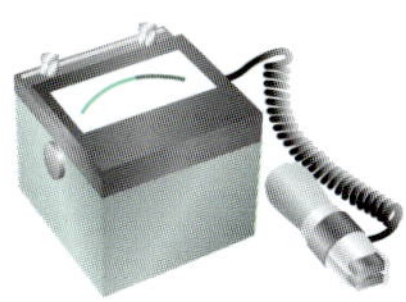

❖ 자체품질검사 포인트

☞ 바탕건조가 불충분한 상태는 나중에 부풀음으로 발전될 가능성이 높다. 이러한 경우에는 탈기장치를 설치한 절연공법 채용을 고려하는 것이 좋다.
☞ 다음과 같은 바탕에서는 건조가 느리므로 특히 주의를 필요로 한다.
① 데크플레이트상의 현장타설 콘크리트, ② 단열재를 설치한 현장타설 콘크리트,
③ 경량골재, 펄라이트 등을 사용한 콘크리트와 모르타르
④ 장시간 비를 맞은 ALC판 등

2 도막방수층의 도막두께

기기 14 간이형 막후계(톱니형)

웨트필름 막후계

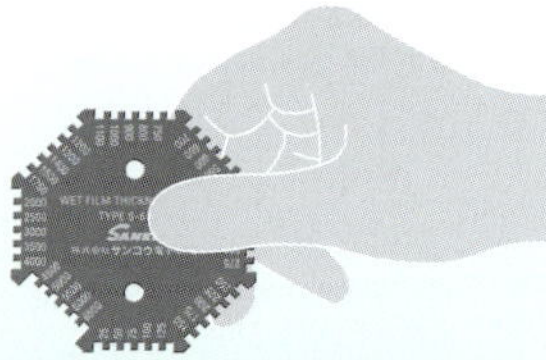
검사상황

현장상황 도막방수층의 도막두께가 충분한지 알기 위한 검사를 실시한다!

RC조 7층짜리 집합주택으로 1주일 후에 방수공사가 예정되어 있다. 시방서에는 해당 건물의 옥상방수는 아스팔트 방수에 보호층을, 또 각 세대별 발코니 바닥 및 건물의 후면에 설치된 루프 발코니의 바닥방수는 모두 우레탄 도막방수로 되어 있다. 준공에 맞출 수 있도록 시공팀을 2배로 늘리고 있는 실정이다.

측정 목적 우레탄 도막방수 공사에서는 도막방수재의 사용량과 도막두께 관리를 하도록 되어있다. 평지에서는 건조 경화 후의 도막두께가 3mm이내가 되지 않도록 해야 하기 때문에 시공시 경화물 비중에 따른 도막두께 관리를 해야 한다. 도막 경화 후의 보수는 다음 공정과 중복작업이 되기 때문에 도포 직후 경화되지 않은 상태에서 검사를 하여 경화 후의 도막두께를 추정할 수 있는 간이형 막후계로 검사하기로 하였다.

측정기 제원

제품명	웨트필름 막후계 / 톱니형 S-6500
제조업체	SANGYO(酸光)전자연구소(일본)
규 격	JIS K5600-1-7, ISO2808, ASTM D1212, BS 3900.
측정범위	25㎛~6500㎛
	8면의 측정범위 25-50-75-100-125 150-175-200-225-250 275-300-350-400-450 500-550-600-650-700 750-800-900-1000-1100 1200-1300-1400-1500-1750 2000-2500-3000-3500-4000 4500-5000-5500-6000-6500

취급요령

1. 기기개요

웨트필름 막후계는 금속이나 비금속의 바탕이 아직 건조되지 않은 도막의 두께를 톱니형 조각으로 측정하여 도료의 불휘발분(고형분)으로 건조 후의 경화막 두께를 추정하는 계측기이다. 미경화시에 미리 필요한 도막두께를 확인한 후에 다음 작업에 들어갈 수 있다.

2. 검사순서

① 측정작업 중에 막후계가 비뚤어지지 않도록 주의하면서 바탕면에 수직으로 닿도록 갖다 댄다.

② 막후계를 도막으로부터 떼어내어 도막에 닿은 가장 짧은 톱니가 어느 것인지 살펴본다.

③ 마지막으로 닿은 톱니와 아직 닿지 않은 맨처음 톱니 사이의 수치를 읽는다.

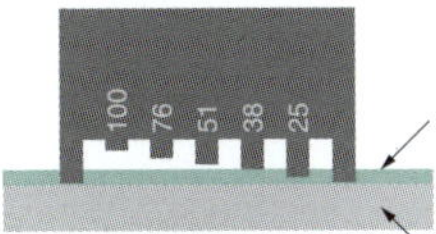

사용방법

☞ 왼쪽그림에서는 33/㎛의 톱니가 닿았으므로 35~51㎛의 범위의 측정에 의해 판단한다(예를 들면 이 경우는 '40㎛'으로 읽는다).

유사기기

(1) 웨트필름 막후계 / 로터리 형

이 계기는 JIS K5600-1-7, ISO 2808, ASTM D1212에 대응하며 측정범위는 0~1,500㎛. 보존용 손잡이인 가이드 롤러를 잡고, 최대 수치를 밑으로(아래로 오도록 한다) 하고, 바깥고리인 지지고리를 바탕에 수평으로 대고 바탕위에 굴리듯이 도막내를 천천히 360° 회전시킨다. 중앙의 편심륜이 덜 경화된 도막에 정확히 닿았을 때 바깥쪽 눈금이 막두께를 나타내게 된다. (제조업체 : 산광전자연구소 / 일본)

가이드 롤러

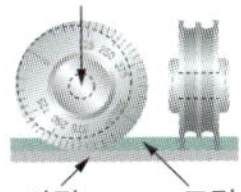

(2) 기록보존용 톱니형 막후계 / 엘코미터 456 시리즈

1회용 타입(ABS제로 500매 세트)이며 측정범위는 50~800㎛, 기록으로 현물을 보존한다. (제조업체 : 코텍/일본)

❖ 자체품질검사 포인트

☞ 막두께를 계측할 때에는 계측기를 바탕에 수직으로 세울 것.

☞ 도장 영역 전체 중에서 대표적인 결과를 얻기 위해서는 다른 장소에서 같은 순서로 적어도 2회 이상 반복실시할 것

☞ 검사는 모두 육안으로 확인하기 때문에 결과를 남기고자 할 경우에는 기록표를 작성하거나 기록보존용 톱니형 막후계를 사용하는 것이 좋다.

☞ 미경화시의 도막두께 검사는 도료의 불휘발분(고형분)에 의해 경화 후의 막두께가 달라지므로 주의해야 한다.

3 우레탄 도막방수층의 핀홀

기기 15 핀홀 탐지기[To-150C]

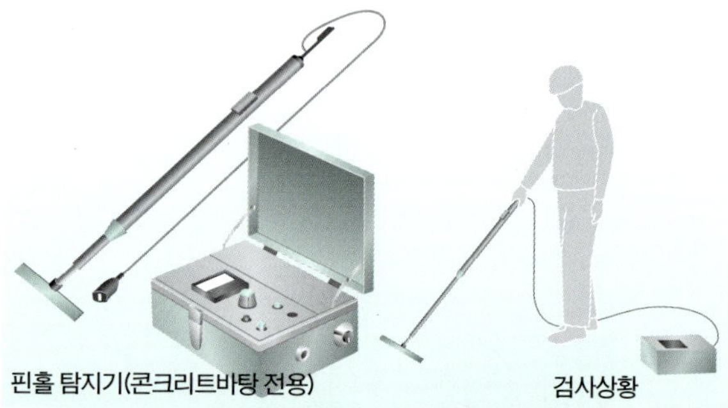

현장상황

도막 방수층에 핀홀이 생기지 않았는지 검사하고 싶다!

건설중인 RC조 3층짜리 연구시설로 계획 당시에는 옥상방수를 아스팔트방수 위 · 보호층 설치로 시방서가 작성되었으나, 향후 유지관리성과 앞으로 예상되는 개수공사 등 라이프사이클 비용 면에서 고려하여 건축주의 요구에 따라 우레탄도막방수로 시방서를 변경하게 되었다. 바탕 조정, 프라이머 도포가 끝나고 톱 코트 바름 작업에 들어갔다.

측정 목적

해당 방수공사에서는 품질이 확실한 도막방수층으로 하기 위해 도막방수재의 사용량과 도막두께에 대한 철저한 관리를 실시하였다. 따라서 도막방수층의 품질 저하원인이 되는 핀홀과 흠, 공기구멍, 이물질 혼입, 콘크리트 면의 요철 영향에 따른 박층부의 유무 등 불량개소를 조기에 발견하여 대처하는 것을 목표로 핀홀 탐지기를 이용해 확인하기로 하였다.

측정기 제원

제품명	핀홀 탐지기 / TO-150C · TO-250C
제조업체	SANGYO전자연구소(일본)
방식	직류 고전압 방전식
탐지전압	150C : 5~15KV, 250C : 10~25KV
경보방식	본체의 램프, 부저
프로브(Probe)	염화비닐제 이음프로브, 코드 5m 핸들 부분 ϕ38×585mm(스위치 부착) 짧은 헤드부 ϕ26×255mm 긴 헤드부 ϕ26×690mm(250C만) (짧고 · 긴 헤드부에는 홀더를 포함한다.)
전원	AC 100V, 509/690Hz, 100VA
치수	250(W)×150(H)×350(D)mm
중량	11kg(본체)

취급요령

1. 기기개요

핀홀 탐지기는 콘크리트 바탕 위에 절연성 피막(도장, 수지라이닝, 아스팔트 라이닝, 포장, 방수시트 등)의 핀홀과 흠 · 균열, 공기구멍, 이물질 혼입, 콘크리트 면의 요철부분의 영향에 따른 박층부(얇은부분)의 유무 등 불량개소를 비파괴로 찾아낸다. 핀홀 검사는 방수협회의 권장사항이다.

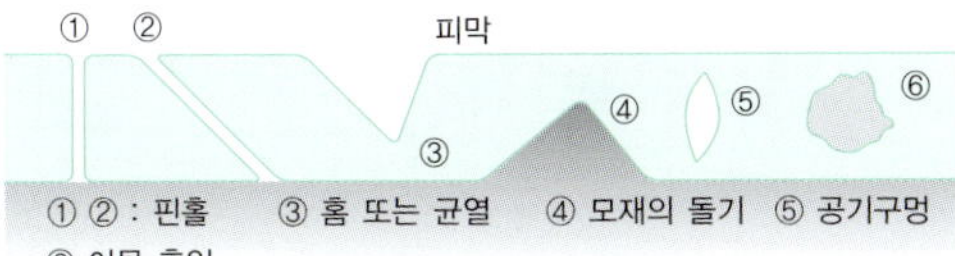

모재(금속 또는 콘크리트)

TO-150C와 To-250c의 비교

기종명	검지전압	검사대상 막두께	주요 용도
TO-150C	5~15KV	1mm미만	수지박막, 도막
TO-250C	10~25KV	1mm이상	라이닝 막

☞ TO-250C는 프로브가 긴 헤드인 것.
TO-150C와 TO-250C는 검사대상 막두께가 다르므로 주의할 것.

2. 검사순서

① 핀홀 검사를 실시하기 전에 사전점검기(pre-checker)를 이용하여 피막 표면으로부터 바탕 콘크리트의 통전성을 평가한다.

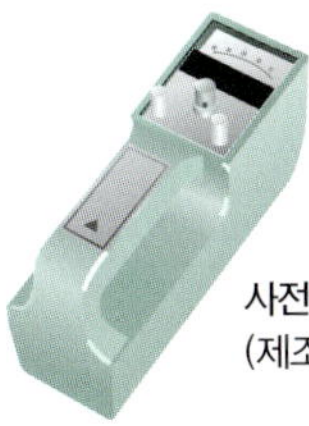

☞ 콘크리트용 핀홀 탐지기를 사용할 수 있는 것은 그 바탕에 방전시의 전류가 흐르는 것이 조건이며, 이 기계는 절연성 피막으로 덮인 콘크리트 바탕의 수분 함유 정도를 표시한다.

사전점검용 pre-checker기(통전성 표시기)
(제조업체 : 산광전자연구소 / 일본)

② 프로브의 선단을 공중에 유지시키면서 검사한다. 전극의 경계는 오버랩되도록 조작한다.

유사기기 (1) TO-100

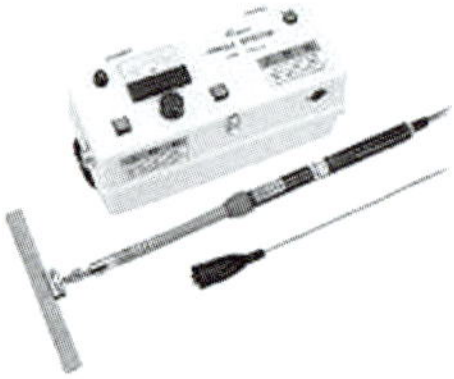

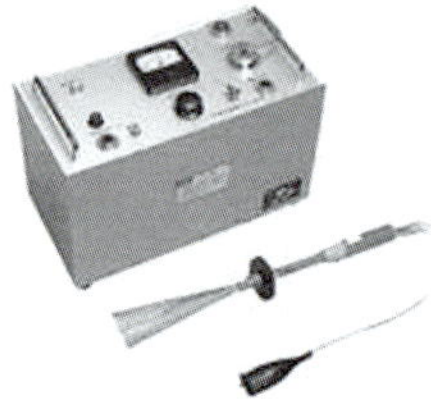

(2) HOLY STAR-1

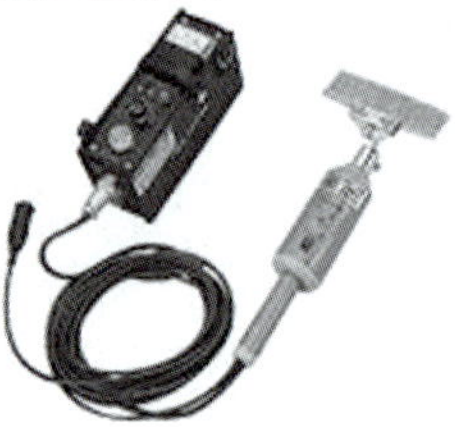

(3) HOLY STAR-5

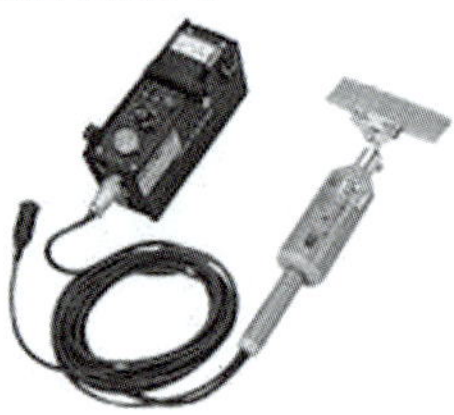

❖ 자체품질검사 포인트

- ☞ 검사대상물의 피막은 전기절연성 물질이므로 충분히 건조시키고 경화된 후에 오염이 없는 상태가 되어야 한다.
- ☞ 핀홀 검사 작업 중에는 핀홀 결함부분에서 불꽃방전(스파크)이 발생하기 때문에 주변에 인화성 가스 등이 흐를 수 있는 우려가 있는 위험한 곳에서는 절대로 사용하지 말 것.
- ☞ 우천, 물고임, 습기가 많은 곳에서는 주변의 전기 절연이 저하되어 감전되기 쉬우므로 이 기계의 사용을 피할 것.

MEMO

4 실링의 두께

기기 16 초음파 두께계

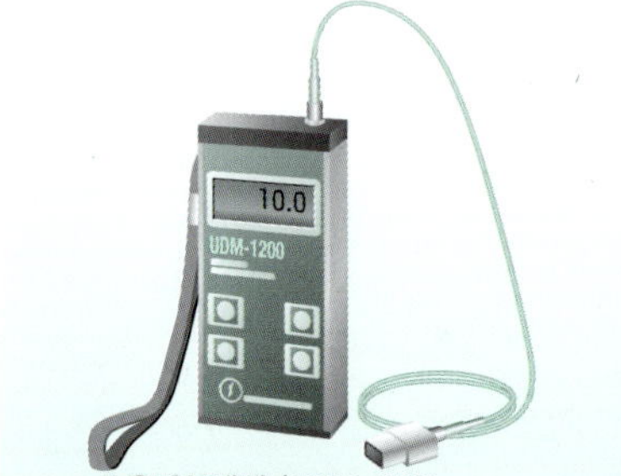

초음파두께계 / UDM-1200

측정상황

현장상황

실링재의 두께가 설계대로 되어 있는지 확인하고 싶다!

건설중인 철골조 5층짜리 창고의 외벽은 길이 9m의 단열재로 충전된 금속 패널 마감이며, 매 9m마다 변성실리콘계의 세로 줄눈이 들어간다. 입구와 창 등의 창호 주위에도 모두 변성실리콘계 줄눈으로 예정되어 있는데, 모두 백업재로 바탕을 만들고 실링재의 두께를 10mm로 시공하는 계획이다.

측정목적

실링재의 현장관리는 착색 프라이머로 도포 유무를 확인하기도 하지만, 백업재 설치 직후의 줄눈 깊이 검사는 거의 실행하지 않고 있다. 실링재의 두께관리는 누수 방지 차원뿐만 아니라 실링재의 파탄(찢어짐)등 방지에서 매우 중요하다.

측정기 제원

제품명	초음파 두께계 / UDM-1200
제조업체	제통전자(帝通電子) 연구소 (일본)
표시방식	액정 디지털 방식
측정방식	펄스반사방식(일탐촉자법)
사용주파수	5MHz
측정범위	2.5~40mm(실링재), 최소단위 : 0.1mm
오차범위	±0.5mm
음속조정범위	500~9,999/S
옵션기능	임의의 설정치를 기준으로 하여 차이를 표시(DIF 기능)
전원	DC 1.5V(단삼알칼리 건전지 1개), 작동시간 : 약 30시간 이상
사용온도범위	-10 ~ +50℃
외형치수	66(W)×140(H)×28(D)mm
중량	약 290g(심촉자 약 50g)

취급요령

1. 기기개요

초음파 두께계는 실링의 종류에 관계없이, 바탕은 백업재를 포함하여 모든 재료에 대응하여 두께가 0.1mm단위로 디지털로 표시된다. 측정방식은 일탐촉자법(一探觸子法)에 의한 송신 에코로, 바닥면 에코까지 계측하는 방식이다.

2. 검사순서

검사방법은 실링 속면에 탐촉자를 대기만 하면 되며, 다음과 같은 특징을 갖는다.

① 각종 실링재(변성실리콘계, 실리콘계, 폴리우레탄계 등의 1성분형, 2성분형 실링재 모두) 위에서 두께를 계측할 수 있다.

② 백업재 없이, 본드브레이커, 평판상 백업재 환봉상 백업재 등 모든 조건에서 측정이 가능하다.

③ 백업재가 흔들려 줄눈 깊이가 변화되어도 줄눈 바닥의 경사각 15° 정도까지는 측정이 가능하다.

④ 기준치를 설정하여 그 차이를 표시할 수 있다.

⑤ 옵션으로 본체에 BCD 출력 커넥터를 설치함으로써 데이터를 수집 기록이 가능하도록 되어 있다.(프린트 또는 PC로 전송 가능)

계측 데이터의 수집보존의 예

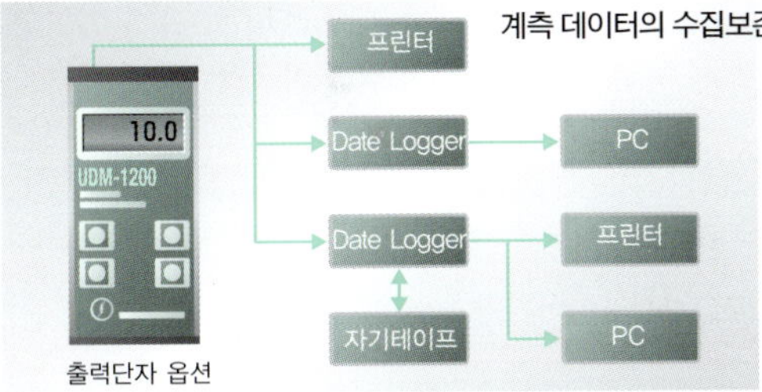

유사기기

초음파 두께계 / UDM-1200처럼 비파괴로 실링재의 두께 계측을 대상으로 하는 기기는 드물다. 현장작업에서 실링재의 품질관리에 대단히 중요한 백업재 설치 직후의 검사는 거의 실행되고 있지 않은 것이 현실이다. 계측기기를 이용하지 않을 경우에도 일부라도 발췌하여 확인해야 하는 중요한 관리부분이다.

❖ 자체품질검사 포인트

☞ 2성분형 실링재의 경우에는 진공탈포기가 부착된 반죽기로 탈포한 것을 사용한다.

☞ 초음파의 특성으로 실링재 내에 기포 혼입이 있는 경우에는 측정이 불가능하지만 동시에 실링재 내에 기포의 존재를 확인할 수가 있다.

☞ 진공탈포기가 부착된 반죽기는 모든 실링 시공업자가 가지고 있는 것이 아니므로 미리 확인을 할 필요가 있다.

1 타일의 접착력

기기 17 건연식 접착력 시험기 (타일 부착 검사용)

건연식 접착력 시험기 / LPT-1500형

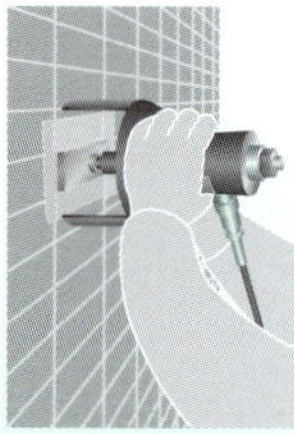

시험상황

현장상황

타일의 접착력을 확인하고 싶다!

현재 건설중인 외벽이 모두 타일붙임마감, RC조 14층짜리 공동주택으로 외벽 마감에 사용한 타일은 모두 바탕모르타르를 평균15mm로 바른다음 그 위에 이방향 타일을 붙이도록 시방서에 명시되어 있다. 준공 인도까지 앞으로 3개월 정도 남았으며, 구체는 이미 완성되었고 외벽타일도 앞으로 1개월 동안 5개층 분을 서둘러 마쳐야 한다

측정 목적

타일 마감은 시공비가 비싸고 고급스러운 느낌이 있기 때문에 건축주들은 반영구적인 것으로 생각하기 쉽다. 하지만 현장 붙임 타일은 인력에 의한 습식작업이기 때문에 향후 관점에서 볼 때 박리 · 박락의 위험성이 있는 것도 사실이다. 해당 작업 현장에서의 타일 붙임공사는 규정치인 0.4N/mm^2 이상의 접착력이 있는지 확인하기 위해 각 층의 동서남북 각각의 면에서 2곳씩(1곳당 3매)의 접착력 시험을 한다.

측정기 제원

제품명		건연식 접착력 시험기 / LPT-1500형(펌프분리형)	
제조업체		환동(丸東)제작소 외 / 일본	
측정방식		디지털식	아날로그식
최대측정		15KN(1,500kgf)	15KN(1,500kgf)
하중표시	저압		0~3KN(300kgf)
	고압	0~15KN(1,500kgf)	0~15KN(1,500kgf)
최대하중표시	저압		0.1KN(10kgf)
	고압	0.01KN(1kgf)	0.5KN(50kgf)
스트로크		10mm	
중량		1식 : 약18.0kg	
케이스		270×585×290mm	

취급요령

1. 기기개요

건연식 접착력시험기는 건설성 건축연구소의 지도에 의해 제작된 것으로 주로 타일, 모르타르, 도료 및 각종 접착제의 박리시험에 사용된다.

일반적으로 타일붙임 후 2주일 이상이 경과된 후에 하며, 주요 특징으로는 다음과 같다.

① 디지털 하중계, 아날로그 하중계 모두 피크홀드 기능이 있어, 박리시의 수치가 그대로 남는다.

② 아날로그 하중계의 경우도 저압과 고압의 2종류의 하중계에 의해 광범위하고 정확한 수치를 읽어 낼 수 있다.

③ 가력조작은 회전력이 작은 수동 스크루식이므로 개인차에 의한 측정오차가 없다.

2. 검사순서

① 시험할 타일의 줄눈에 커터를 넣어 주위와 연결을 끊는다.

② 타일의 크기에 맞는 강제 어태치먼트를 에폭시수지 접착제로 타일에 붙이고 완전히 경화될 때까지 어긋나지 않도록 천연수지 고무 테이프 등으로 양생을 한다. (아래 우측 중간그림 참조)

③ 접착제가 경화되기를 기다려 Ram chair를 설치하고 텐션 로드를 기기의 부속장치(attachment)에 부착한다. 일정한 인장속도로 인장하여 타일의 접착력을 확인한다.(오른쪽 아래 그림 참조)

④ 접착력 시험평가는 인장력을 제거한 타일면적으로 나눈값을 사용한다 (0.4N/mm^2 이상)

어태치먼트

떨어짐 방지 양생

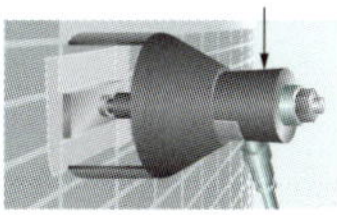
시험상황

유사기기

테크노테스터 / RT시리즈

유압식으로 전원이 불필요하다. 일본건축마감학회의 인정을 받았으며, 그 외에 '건축개수공사 감리지침' 에서도 적합한 제품으로 인정을 받은 제품이다.

(제조업 : SANGYO 테크노/일본)

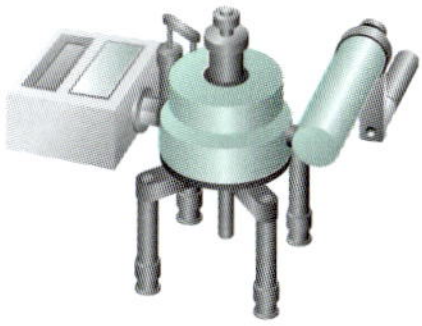

❖ 자체품질검사 포인트

☞ 시험 결과 평가는 접착강도뿐만 아니라 제거한 타일 속면의 상태도 관찰하여 평가할 것.

☞ 타일 주위의 줄눈에 넣는 커터 길이는 콘크리트 표면까지 이르게 할 것

☞ 이 기계는 선부착PC판(PC제조시 미리 타일을 깔고 콘크리트를 타설하는 경우) 등의 타일에도 사용할 수 있다. 선부착(先付着)타일 PC판은 고층건축에 채용되는 경우가 많다. 따라서 이때 타일의 접착강도치는 현장 접착강도0.4Nmm^{2}보다 높은 0.6N/mm^2 이상으로 높게 설정하고 있다.

마감

목공사

1 목재의 함수율

기기 18 목재 수분계

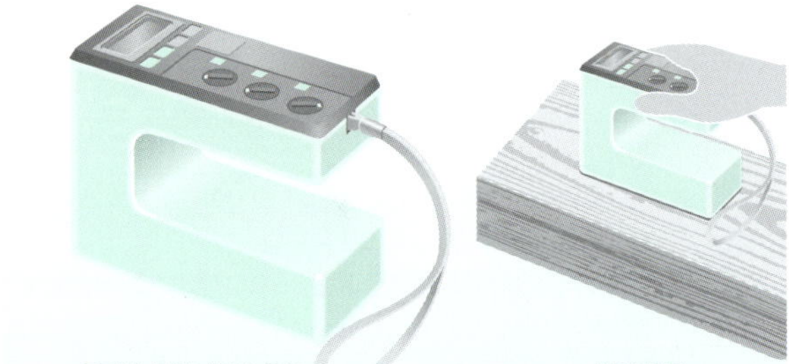

목재수분계 / HM-520　　측정상황

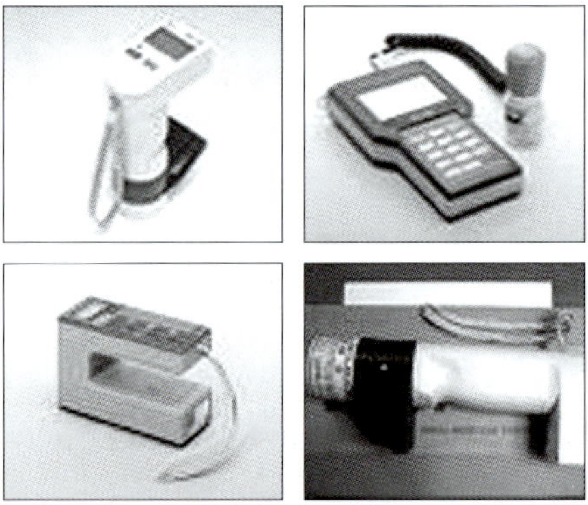

여러가지 목재 수분계

현장상황 내부조립용 목재의 함수율이 특기시방서 대로 되어 있는지 알고 싶다!

대기업 회장 사저인 RC조 3층짜리 주택으로, 외부 창호의 알루미늄 새시 외에는 현관문을 비롯해 내부 창호 전체가 현장 도장의 나뭇결을 살린 목재 창호를 사용하기로 되어있다. 오늘 아침 내부 창호의 반 정도가 공장에서 현장으로 반입되었다.

측정 목적 콘크리트 거푸집용 합판부터 구조재, 바닥재 등 건축재료의 대부분은 한국산업규격(KS)의 함수율 기준이 정해져 있지만 특기시방서에 '목공사의 목재 창호에 관한 도장 바탕에서는 함수율이 8%이하로 한다' 고 기재되어 있다. 목공소장과의 계약 부대사항에 이러한 사항을 별도로 기재하였는데 현장 반입시의 검사사항으로서 건조도를 확인하고자 한다.

측정기 제원

제품명	목재수분계 / HM-520
제조업체	케트과학연구소(일본)
측정방식	고주파 용량식
측정대상	목재 · 합판
측정범위	2~150%(단, 비중이나 수종에 따라 달라짐)
보정기능	두께 : 10~ 40mm. 비중 : 0.1~1.25g/cm³ 수분 : ±5% 온도 : 자동(0~40℃), 수동 (0~70℃)
기타기능	알람 설정 : 상한 수분의 설정과 알람 고지 오토 파워오프 : 약 10분이면 전원 자동 OFF 주의 표시 : 측정가능범위 외에는 표시로 주의
표시방법	디지털(LCD, 표시최소간격 0.5%)
전원	전지 9V, 6LR61(006P 알칼리)
치수	56(W)×110(H)×130(D)mm
중량	약 0.3kg(전지 불포함)

취급요령

1. 기기개요

목재 수분계는 측정방식이 고주파 방식이어서 목재의 표면을 손상시키지 않고 가볍게 대기만 하면 목재의 수분측정을 할 수 있다.

건축용 침엽수 제재는 내부까지 건조되려면 상당한 시간을 필요로 하기 때문에 표면의 건조상태로만 판단하면 여러 가지 문제가 발생한다. 현장 납입시 뿐만 아니라 여러가지 상황에서 일정 건조도에 도달되어 있는지 간단하게 확인할 수 있다. 이 기기는 (재)일본주택 · 목재기술센터의 평가시험에 합격한 제품으로(인증번호 1-02-001) 주요한 특징은 다음과 같다.

① 두께보정 · 수종의 비중보증 등을 갖추어 대부분의 목재를 측정할 수 있다.
② 건조실에서 바로 꺼낸 고온의 목재도 온도보정 기능으로 대응할 수 있다.
③ 수분관리상 수분상한치를 설정할 수 있어 설정을 넘은 상태에서 측정을 하면 부저음으로 알리는 알람기능이 있다.
④ 측정범위가 2~150%이므로 여러 종류의 목재 · 합판의 수분 측정에 이용할 수 있다.

2. 검사순서

① 미리 수종 · 비중 · 두께 · 온도보정 다이얼을 세팅하여 목재 표면에 갖다 댄다.
② 목재의 섬유방향과 측정부위의 전극방향이 같게 되도록 놓고 측정한다.
③ 내장된 마이크로 컴퓨터가 자동으로 보정 연산을 하여 수분치가 산출된다.

유사기기

비파괴식 고주파 목재수분계 / HM8-WS25

수분 측정범위는 4~99%, 측정깊이는 25~40mm, 치수 · 중량은 60(W)×120(H)×25(D)mm, 160g으로 (재)일본주택 · 목재기술센터의 평가시험에서 합격(인증번호 1-03-001)로 평가 받았고, 오스트리아 정부의 인정을 받은 기종이다.(제조업체 : 국천(菊川)철공소/일본)

❖ 자체품질검사 포인트

- ☞ 재료의 두께가 40mm 이상인 경우는 40mm 위치에 보정 다이얼을 맞춘다.
- ☞ 두께가 10mm 이하인 재료의 경우는 동일한 것을 겹쳐서 10mm이상이 되게 하고 그 두께에 세팅하여 측정한다.
- ☞ 두께가 40mm 이하인 재료의 경우는 재료의 하부면으로부터 아래쪽으로 80mm 이상을 공간으로 한다.
- ☞ 측정할 목재의 크기(면적)는 측정부위의 크기(130×55mm)이상의 것을 사용할 것.
- ☞ 콘크리트 · 모르타르 수분계 H1-520과 외형이 비슷하므로 사용전 확인할 필요가 있음

MEMO

1 결로진단

기기 19 결로진단계(콘크리트, 목재, 유리, 강재, 알루미늄 등의 비철금속)

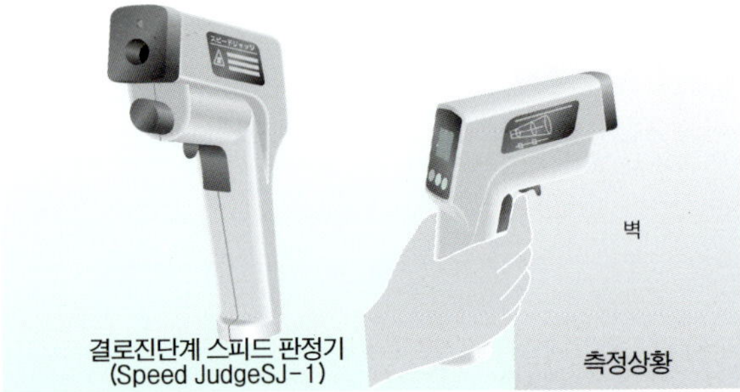

결로진단계 스피드 판정기
(Speed JudgeSJ-1)

측정상황

현장상황

도장하기 전에 콘크리트 바탕이 결로되어 있지 않은지 확인하고 싶다!

건설중인 지하2층을 포함한 SRC조 11층짜리 상업시설인 지하 2층에 승용차 20대를 수용할 수 있는 자주식 주차장을 계획하고 있다. 지하는 RC조이며 벽은 제치장 콘크리트 도장마감을 한다. 2개월 전에 지하 2층 벽면의 세퍼레이터 부분에 누수 흔적이 몇몇 곳에서 발견되어 보수수리를 하였다. 이러한 상황에서 다음 주부터는 도장공사를 시작하기로 되어 있다.

측정 목적

이후 2개월 동안 누수 개소의 보수부분 이외에 더 이상 새로운 누수가 확인되지 않았다. 하지만 지하층은 습기가 차기 쉬우며 결로도 발생되기 쉽다. 따라서 다음 공정인 도장공사에 지장을 주지 않도록 결로가 발생된 곳이 있는지 확인하기 위한 목적으로 측정한다.

측정기 제원

제품명	결로 진단계 스피드 판정기 / SJ-1	
제조업체	일본 신테크	
측정범위 (측정 정확도)	적외선 방사온도 공기온도 공기습도	0~50℃(±0.5℃) 0~50℃(±0.5℃) 0~100%RH(±3%RH)
사용센서 (응답속도)	적외선 방사온도 공기온도 공기습도	thermopile(1.5초 이하) thermistor(2분 이내) 용량식 습도센서(1분 이내)
분해능력	적외선 방사온도 공기온도 공기습도	0.1℃/1digit 0.1℃/1digit 0.1%RH/1digit
각종범위	사용온습도 범위 사용습도 범위 보존온도 범위 보존습도 범위	0~50℃ 0~99.9%RH, 결로 없을 것 -10~55℃ 10~90%RH, 결로 없을 것
치수 · 중량	53(W)×190(H)×130(D)mm, 약 230g	

취급요령

1. 기기개요

스피드 판정기는 공기중의 온도 · 습도 수치로 노점온도를 계측하고 비접촉식 적외선 온도계의 온도치와 노점온도를 비교하여 결로상태를 진단하는 계측기이다. 결로가 확인되면 경보음으로 알려준다. 또한 결로의 진단기준치(표면온도와 공기중의 노점온도 차이)를 1℃ 눈금으로 설정할 수 있다.

2. 검사순서

① 결로 진단계의 측정대상 교체모드에서(콘크리트, 목재, 유리, 강재, 알루미늄 등의 비철금속 5종류 중에서) 해당 대상을 선택한다. 버튼으로 측정대상의 방사율을 변경 조절함으로써 보다 정확한 표면온도를 측정할 수 있다.

② 결로 진단계를 측정대상면(바닥, 벽, 천장, 창 등)으로 향하여 스위치를 켠다. 비접촉식이기 때문에 센서가 닿기 어려운 곳에서도 측정이 가능하다.

③ 스위치에서 손가락을 떼면 정지상태가 되는데 이때 표시창의 수치를 읽는다.

유사기기

온습도 데이터 로거 / 온도감지기 TR-72u

연속 또는 여러 곳을 동시에 결로를 계측하고 싶을 때 효과적인 기기이다. USB로 PC와 접속할 수 있고, 1채널당 8,000곳의 측정치를 기록할 수 있다. 단삼(單三)알칼리 전지 1개로 최장 60분 간격으로 약 1년간의 연속기록이 가능하다. 치수는 78(W)×55(H)×18(D)mm이며, 중량은 약 62g으로 소형이며 경량이다. (제조업체: 일본 TND사)

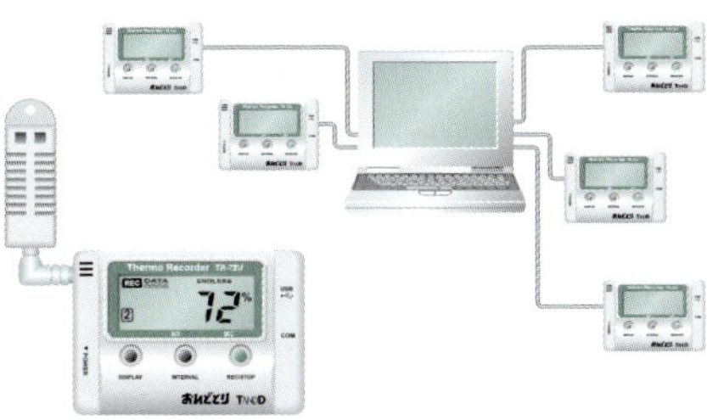

측정기 본체(좌)와
PC와의 동시접속 예(상)

각종 액세서리

❖ 자체품질검사 포인트

☞ 적외선 방사온도계의 특성으로 알루미늄이나 거울면 등의 재질에 따라 온도 오차를 발생하는 경우가 있으므로 주의한다.

☞ 표시부위는 액정 백라이트 기능이 있어서 어두운 곳에서도 지시값을 읽을 수가 있다.

☞ 유사 기기인 '온습도 네이터로거 / 온도감지기'를 이용하는 방법으로는 측정부위에 본체를 설치한 다음 데이터 도입시에 PC를 지참하여 데이터를 수집하고 나중에 분석할 수도 있다.

1 실내공기 환경(새집증후군 대책)

기기 20 포름알데히드 검지기

포름알데히드 검지기 / FP-30

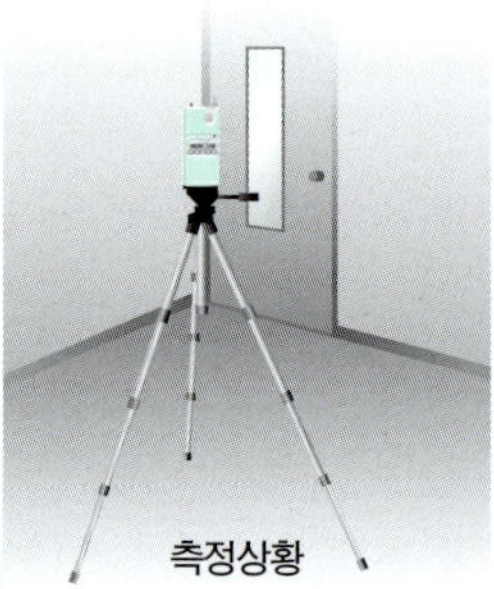
측정상황

현장상황

실내의 포름알데히드 농도를 확인하고 싶다!

앞으로 준공까지의 공기가 5개월 정도 남아있는 SRC조 45층짜리 초고층 공동주택으로 현재 전 층이 내장공사에 착수되어 있다. 내장 마감재는 여러 Maker의 건축재료가 사용되고 있으며, 총 540세대의 모든 주택에는 24시간 환기시스템을 도입하고 있다. 특기시방서에서는 새집증후군 대책으로 전체 주택의 공사완료 후에 1등급 주택이 되도록 하고, 이를 위해 전체 주택수의 3%에 대해 성능을 조사한 다음, 검사결과를 표시를 하도록 되어 있다. 대상 화학물질로는 포름알데히드, 톨루엔, 크실렌, 에틸벤젠, 스티렌의 5가지 물질에 대하여 측정하게 되어 있다.

측정 목적

모든 마감공사가 완료되기 전에 거의 마무리된 40층까지의 480 세대 중 10%에 상당하는 세대에 대해 포름알데히드 농도가 실내농도 지침값(0.1ppm : 국내허용권고치 기준/0.08ppm : 일본노동성 기준)을 만족시키고 있는지 정식 측정을 하기 전에 확인하는 것이 목적이다.

[참고]

최근 거론되는 환경문제 중 심각한 것이 집이나 건물을 새로 지을 때 사용하는 건축자재나 벽지 등에서 나오는 유해물질로 인한 새집증후군을 들 수 있다. 새집에 사용한 여러 자재에서는 휘발성 유기화합물이 배출된다. 여기에는 포름알데히드, 클로로포름, 벤젠 등의 발암물질이 포함되어 있다. 한국 실내생활공간 공기질 관리법 시행령 · 시행규칙 허용권고치는 0.1ppm이다.
일본보다 0.02ppm이 높다.

측정기 제원

제품명	포름알데히드 검지기 / FP-30	
제조업체	이연계기 : 일본	
검지가스	대기중의 포름알데히드	
검지범위(시간)	0~0.4ppm(30분)	0~1.0ppm(15분)
검지원리	시험지 광전광도법	
검지방식	검지 TAB방식(시간내 적산치 측정)	
사용 온 · 습도범위	-10 ~ +40℃ · 90% RH 이하(결로 없을 것)	
메모리 기능	검지포인트 : 99포인트(측정종료시,자동기억)	
자기진단 기능	광원 및 광을 받는 부분의 불량 · 전지전압 저하 펌프 불량 · 시스템 이상 · 온도이상	
전원	단삼형 건전지 4개	
연속사용시간	약 12시간(알칼리 건전지,무조명,무경보, 20℃에서)	
외형치수	약 84(w)×190(H)×40(D)mm(돌기부 제외)	
중량	약 500g(본체, 전지 포함)	

취급요령

1. 기기개요

포름알데히드 검지기는 실내환경 기준치(일본0.08ppm/30분 평균치)의 측정에 가장 적합하도록 제조된 간이측정기이다. 주요 특징으로는 다음과 같다.

① 다른 간섭가스(VOC 등)의 영향을 받지 않기 때문에 포름알데히드만을 검지할 수 있다.

② 분해능력은 0.005ppm으로 고성능이다.

③ 포름알데히드의 검지범위는 30분간 측정했을 경우 0~0.4ppm, 15분간 측정했을 경우 0~1.0ppm(포름알데히드 농도가 높은 경우는 15분간 측정한다)

④ 포름알데히드 측정데이터는 최대 99개까지 기억할 수 있으며 검지결과의 비교 · 추이 등에 이용할 수 있다.

☞ 부록 '공기질 관리법에 의한 화학물질' 참조

2. 검사순서

① 방(실내)을 완전히 닫는다.

② 측정기기를 바닥으로부터1.2~1.5m위치에 설치한다.

③ 조작키로 ON버튼을 눌러 검지TAB를 붙인다.(TAB는 1회마다 교체할 것)

④ 측정은 보통 '008'에 맞춘다.

⑤ 스타트 버튼을 눌러 30분간(또는 15분간) 기다린다.

측정 표시 예

유사기기

(1) 포름알데히드 발생원 검지 Seal(야나기자와 센서 · 포름알데히드)
검지실을 측정하고자 하는 곳의 표면에 약 30분동안 부착 후 검지지의 색 변화 유무를 육안으로 판정하는 판별시험 (개발업체 : 일본 리빙사 외 다수)

검지기의 색 변화

(2) Form Tector XP-308B (제조업체 : 대현싸이언스 – 한국)
이 포름알데히드 측정기는 한국 실내생활공간 공기질관리법 시행령 · 시행규칙 허용 권고치 0.1ppm 측정에 적합한 기종으로 농도 측정표시는 mg/m^3이나 ppm단위로 전환이 가능하며 Recorder 출력단자를 지원하고 있어 장기적인 측정치 변화를 기록할 수 있다. 측정시 별도의 시약이 필요 없고 자동 측정기능이 있어 조작이 간단한 것이 장점. 32개의 측정 데이터 저장이 가능하며 RS-232 출력을 지원한다.

(3) Radom Monitor 1027 (제조업체: 신정정밀기계–한국)
집을 지을 때 발생한 라돈은 무색 · 무미 · 무취의 불활성 가스로 집을 지을 때 사용하는 시멘트, 모래, 건축자재에 함유되어 있다. 라돈이 호흡기를 통해 폐로 들어가면 폐 속의 세포를 죽여 암을 유발하는 것으로 알려져 있다. "RADON MONITOR 1027"은 실내의 라돈 농도 측정, 실내 공기질(IAQ)환경 분석, 신축 건축물의 라돈 발생량 측정, 건축환경 연구평가 측정, 환경평가 대행 및 용역 측정용으로 광범위하게 사용되고 있으며 미국 EPA승인을 획득한 라돈 측정기(EPA402-R-92-004)이다. 1시간 간격으로 90개까지 연속적 데이터 저장이 가능하며 프린터 출력 및 PC로 데이터를 관리할 수 있다.

❖ 자체품질검사 포인트

☞ 포름알데히드 검지기(FP-30)는 일본 후생성에서 인정하는 지정품이긴 하지만 간이 점검용 기기이므로, 계량증명서를 필요로 하는 측정결과가 요구되는 경우에는 다시 국가에 근거한 측정법에 따라 자격이 있는 전문기관에 의뢰해야 한다.
☞ 전문기관에 의한 실내 화학물질 측정방법으로는 컴퓨터에 의한 반자동 시스템인 Badge형 채취기기를 이용하여 측정하는 "패시브 측정방법"과 펌프를 이용해 실내 공기를 흡입하여 측정하는 "액티브 측정방법"이 있다.
☞ 어떤 기기를 사용하느냐는 현장에서 결정한다. 전문기관이 아닌 현장 사전점검에서는 국내 장비를 이용하여 측정하는 경향이 높다.

MEMO

3 노반[路盤]의 지지력

기기 21 현장 CBR 시험장치

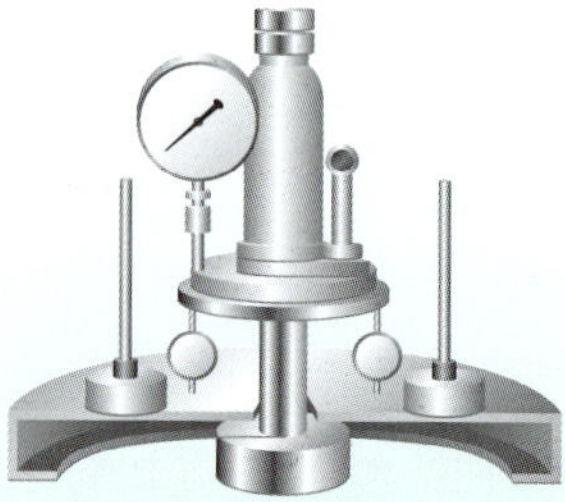

OJ식 현장 CBR 시험장치 / S-180

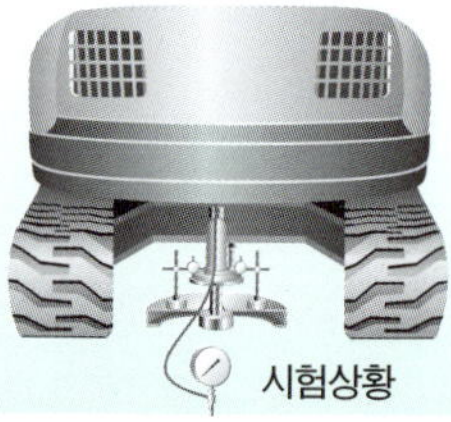

시험상황

현장상황

건전한 포장 지반을 확보하고 싶다!

바닥의 연면적이 11,000m²인 SRC조 5층짜리 물류센터 건축물로, 4층 바닥마감공사가 완료되고 나면 외구공사가 이뤄질 예정이다. 현재는 3층의 바닥마감공사가 진행 중에 있다. 이 물류센터는 탑을 장착한 트럭이 동쪽에 20대, 서쪽에 20대 모두 합쳐 40대가 배치, 주차 가능토록 설계되어 있다. 건물 인도 후 24시간 이곳에 많은 차량이 영업을 하기 위해 진 · 출입할 것으로 예상된다.

측정 목적

해당 건물의 외구는 아스팔트로 된 내중포장으로 되어 있지만 총중량 20t의 차량이 상시 왕래하기 때문에 노반이 요구 지지력을 가지고 있는지 확인하기 위해 실시한다. 특히 탑을 장착한 트럭의 앞 부분은 향후 울퉁불퉁해지거나 침하가 발생하기 쉬우므로 현위치에서의 CBR(노상이나 노반의 지지력 크기를 나타내는 지표)를 직접 구할 수 있는 현장 CBR 시험을 실시하여 노반의 시공관리 시험을 하기로 하였다.

측정기 제원

제품명	OJ식 현장 CBR시험장치 / S-180
제조업체	서일본시험기
재하장치	유압잭식, 용량 5t
하중계	ϕ125mm, 최소눈금 100kg
하중받침판	1
하중판	6
유압잭	1
피스톤 설치판	1
구좌(球座)	1
다이얼 게이지	1/100×20mm²
다이얼게이지 스탠드	2
관입 피스톤	1(ϕ5cm)
목재용 가대	1

취급요령

1. 기기개요

현장 CBR시험은(KS F 2310 및 JIS A1222로 실시하도록 정해져 있음), 점성토에서부터 역질토에 이르기까지 거의 모든 흙에 적용이 가능하고, 현장에서 노상 또는 노반의 현재 지지력 크기를 직접 측정할 수가 있다. 또한 안정처리된 흙의 CBR을 구하는 경우에도 이용이 가능하다.

2. 검사순서

반력장치는 트럭 등과 같이 이동이 가능한 것을 이용하고 하향판은 관입시험시에 사용하는 것으로 아래의 그림에서 나타난 바와 같이 질량 1.25kg의 납으로 된 것을 4개 준비한다.

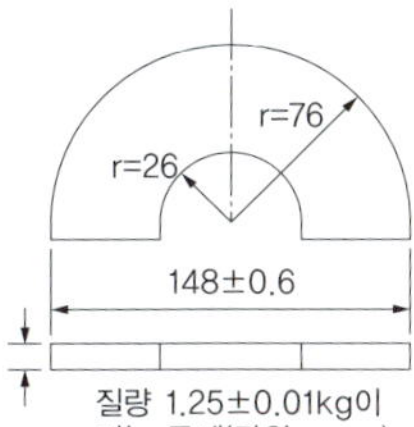

질량 1.25±0.01kg이 되는 두께(단위 : mm)

하중판의 예

① 시험준비

현장에서 대표적인 시험장소를 선정하여 지표를 직경 약30cm의 편평한 원형으로 마무리한다.

② 관입시험

관입피스톤(직경5cm)의 선단면과 시험지반의 표면이 잘 어우러지도록 하기 위하여 미리 준비한 하중판 4매를 사용해 0.5kN(5kgf) 이하의 하중을 작용시킨다. 이를 시험의 제로(0)하중으로 하고, 이때 상태를 관입량제로라고 한다. 관입 피스톤을 1mm/m의 속도로 관입시켜 관입량이 0.5mm, 1.0mm, 1.5mm, 2.0mm, 2.5mm, 3.0mm, 4.0mm, 5.0mm, 7.5mm, 10.0mm, 및 12.5mm일 때의 하중계를 읽는다.

③ 함수비 측정

관입시험이 종료되면 피스톤 관입부분 주위의 시료를 채취하여 함수비를 구한다.

유사기기

(1) 평판재하 시험기 (일본의 경우 JIS A1215 규정)

평판재하시험은 재하판의 직경이 30cm이상의 것을 사용한다. 이 시험은 재하판 직경의 2~3배 정도 깊이의 지반이 대상이며, 지지 지반의 침하와 지지력 검토에 사용된다. 시험시간은 보통 8시간 정도 걸린다(제조업체 : 서일본 시험기 외 다수).

(2) 평판재하 시험기(일체형/분리형)

① Plate Bearing Test Set (HS-215A~B / 한국)

이 시험기는 도로와 활주로의 노상 기층에 대한 지지력 계수를 구하기 위한 평판 재하에 사용하는 기기이다.〈관련규격 : KS F 2310〉

(제조업체 : 한신금풍-한국)

일체형

분리형

측정기 제원

모델(model)	HS-215A	HS-215B
재하판(bearing plate)	ϕ300×T22mm ϕ400×T22mm ϕ750×T22mm	ϕ300×T22mm ϕ400×T22mm ϕ750×T22mm
테스트 잭 (hydraulic test jack)	고강도 경합금재 경량잭 하중계 직경 150mm 용량 30tf 호스잭 용량 30tf	호스잭 용량 30tf
게이지(geuge)	부르돈관식 역량게	
지점간 거리 (bridge support)	최대 3m 조절기능	
변위량 측정장치(diral Indicator)	1/100×30mm 2개, 게이지 홀더 2개	

② HJ-4452 디지털 평판 재하 시험기
(Digital Plate Bearing Test Set : 한국)
본 시험장치는 도로의 노상, 노반 등의 지지력계수를 구하는 시험에 사용하며, 이때의 지지력계수라는 것은 침하량으로 그 때의 하중강도를 나눈 값을 말하는데, 이 기기는 시험하중 및 침하량의 표시부가 LCD를 사용하여 판독이 쉽고, 데이터를 자동으로 수집하여 프린터 하며, 배터리 구동방식이라 현장에서 사용하기가 편리하게 제조되어 있다.(제조업체 : 주식회사 흥진정밀-한국)

측정기 제원

제품명	디지털 표시 및 프린트 기록형
최대용량	50tf(500kN)
재하방식	분리형 유압잭 재하방식
재하판	330mm, 400mm,7 50mm 3종
지지대	2단 조립식(30(H)×45(W)×300(L)cm
측정기 크기	460×360×180mm(휴대형 알루미늄 케이스)
인디케이터	디지털 표시방식
측정센서	하중 / 침하량
프린트	측정 연월일, 시간, 시험번호, 재하판 지름 및 면적, 재하하중 값, 침하량의 값, 지지력 계수
구동방식	배터리 충전식(충전시는 AC, 단상220V)

❖ 자체품질검사 포인트

☞ 역질토의 경우에는 관입 위치의 상태에 따라 CBR이 크게 변동되므로 주의할 것.
☞ 원칙적으로 시험장소에는 물을 뿌리지 말 것.
☞ CBR 시험을 연약한 점성토에 적용하면 CBR은 극단적으로 작아지고, 기계오차와 개인오차의 영향을 받기 쉽다. 따라서 연약한 점성토에 대해서는 콘관입시험 같은 다른 시험방법으로 평가하는 것이 바람직하다.

MEMO

9장 준공전 검사

1 콘크리트 표면의 균열폭

기기 22 휴대형 균열폭 측정기

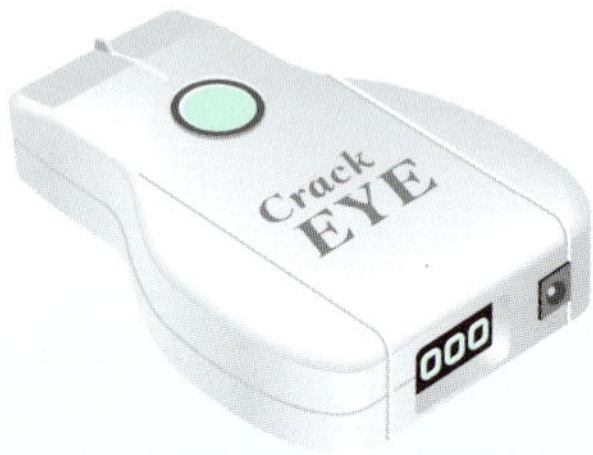

크랙 아이(creck EYE)

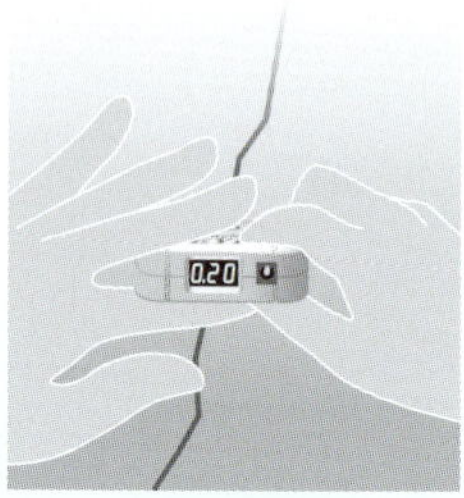

측정상황

현장상황

콘크리트 균열폭을 확인하고 싶다!

지하1층을 포함한 RC조 5층짜리 사무소 빌딩으로 준공이 2개월 남았으며, 지하1층의 마감도 거의 종료되었다. 준공이 얼마 남지 않아 작업장 직원들이 해당건물의 전층에 대하여 각 부위별로 육안검사를 한 결과 1층 제치장 내력벽면 일부에서 균열이 확인되었다.

측정 목적

발생한 균열을 서둘러서 보수해야 하는지 준공 후에도 균열이 커질 가능성이 있는지 등을 검토하기 위해 균열발생 상황을 파악하기 위해 조사하기로 했다. 건물 진단시 균열폭 등의 검증은 균열 자체가 하자인지의 여부가 아니라 구조상의 문제가 잠재되어 있을 가능성이 있는지의 여부를 추정하는 것이다. 일반적으로 구조상의 문제가 잠재되어 있을 가능성이 있다고 판단되는 균열폭은 0.3mm 이상인 것으로 되어 있다.

측정기 제원

제품명	크랙아이
제조업체	삼협 엔지니어링(일본)
제어방식	마이크로 프로그램 방식
검출소자	CCD라이센서(256화소 · 14㎛)
조명소자	ϕ3적색 LED(4500mcd)2개
표시소자	7 세그먼트 LED
측정정확도	분리형 14㎛/FS5% 이하
전원	충전식 전지(니켈수소전지 · 8.4V)
소비전류	계측시 : 약 15mA, 대기시 : 약 80mA
계속시간	측정 500점 / 약 3일
외형치수	70(W)×100(H)×25(D)mm
중량	105g

취급요령

1. 기기개요

휴대형 균열폭 측정기(크랙아이)는 균열폭을 디지털로 표시하며 다음과 같은 특징을 가진다.

① 상의 주머니에 들어가는 경량의 컴팩트 설계로 되어 있다.
② 스위치를 누르기만하면 되는 간단한 조작성을 가지고 있다.
③ 0.05~2.0mm의 범위에서 측정이 가능하다.
④ 전원 투입시 배터리의 잔량이 표시된다.
⑤ 전지 소모시 Low표시 및 알람으로 표시된다.
⑥ 충전식 전지가 내장되어 있다.

2 검사순서

① 콘크리트 표면에 발생한 균열에 대해 직각으로 계기장치의 끝부분을 댄다.
② 스위치를 누른다.
③ 디지털계기에 계기에 표시된 균열폭을 읽는다.

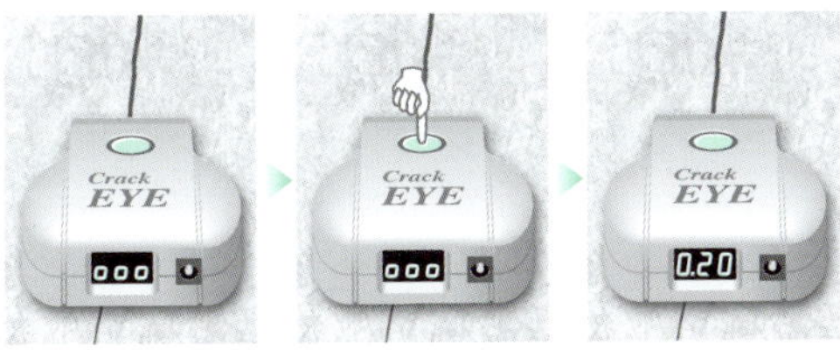

①　②　③

유사기기

(1) 크랙 스케일

크랙 스케일은 명함 크기 만한 카드에 눈금이 표시되어 있는 것으로, 균열에 눈금을 직접 대고 읽는다. 투명 시트상과 알루미늄판으로 만들어져 있는 것이 일반적이며, 여러 업체에서 제조 · 판매하고 있다.

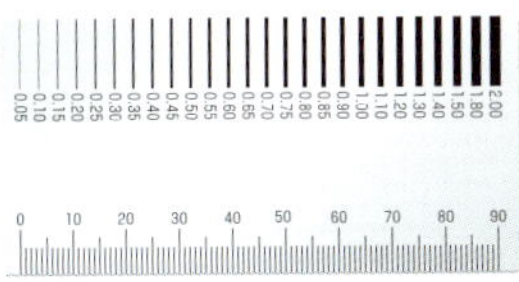

(2) 콘크리트 균열 측정기 (TZ-1000), 대등제목 : CM Gauge(한국)

① 측정범위 : 분해능 0.05mm의 경우 - 5mm~5.7mm.
　　　　　　분해능 1mm의 경우 - 5mm~19mm.
② 크기 : 85~120×20×7mm, 무게 : 8g

③ 특징
· 열변형 등에 대한 각 부재의 변형 계측이 가능하여 재질 선정 및 마무리 치수설계를 돕는다.
· 콘크리트 표면균열 부위의 정기적 계측을 위한 게이지
· 균열원인 추적과 그 보수방법 선정

(3) 균열측정 현미경 POKET LUPE

① 구성

10배율 확대경	1개
알카라인 배터리 1.5V	2개
크리넥스 티슈	1매

② 사양

확대경 배율	10배율 이상
확대경 정밀도	0.05mm

③ 제조업체 : 동아측기사(한국)

❖ 자체품질검사 포인트

☞ 균열조사를 할 때에는 균열폭, 균열 길이, 균열 발생위치 외에도 균열이 발생한 곳의 철근 피복두께와 균열 깊이 등을 날짜를 표기하여 사진과 함께 수집하는 것이 중요하다.
☞ 균열 방지상 가장 기본적이고 유효한 대책은 다음과 같다.
① 콘크리트의 단위수량을 최대한 적게 한다.
② 균열유발 줄눈을 적절한 위치에 설치한다.
③ 콘크리트 타설 후의 초기 습윤양생을 철저히 한다.

MEMO

10장 건물진단

1 초음파(탄성파) 시험이란?

1. 초음파 탐사법의 개요

사람의 가청음은 20kHz이다. 이는 연령이나 개인차에 따라 약간의 차이가 있지만, 초음파는 “인간의 귀로는 들을 수 없는 영역의 고주파수를 갖는 높은 음”을 뜻한다. 초음파시험은 특히 콘크리트처럼 취성재료의 시험에 가장 적합한 50~60KHz의 Pulse를 사용하여 재료의 밀도(density), 탄성(elasticity) 정도, 균질성(homogeneity), 공극(void)이나 공동(cavity)의 유무, 화학적 손상 및 노후화에 의한 열화 및 탄산화 현상 등을 측정할 수 있으며 콘크리트의 강도시험에 사용되기도 한다.

초음파시험의 목적은 콘크리트의 강도, 노후화 현상 및 균열의 깊이를 알고자 하는 조사에 사용되며, 비균질성의 콘크리트에서는 품질에 사용되기도 한다.

2. 측정방법의 종류

측정방법에는 다음 그림과 같이 대칭법, 사각법, 표면법의 3종류로 분류하고 있다.

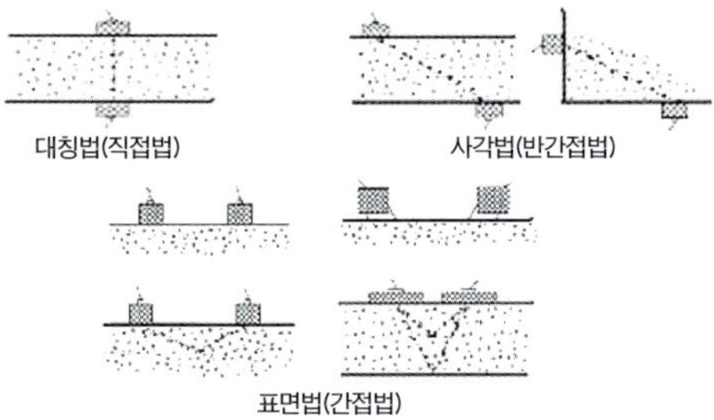

초음파 측정방법의 종류

대칭법과 표면법의 전달속도의 재료의 종류, 배합, 함수율 등 여러 가지 원인으로 변동 등을 나타내고 있으며, 보편적으로 Vd=1.05 1.15Vi의 사이에 있다고 경험적으로 보고되어 있다.

정량적인 콘크리트에서는 다음과 같은 근사적인 관계가 있다고 한다.

Vd = 1.05 Vi

(Vd = 직접법에 의한 초음파속도)

(Vi = 간접법에 의한 초음파속도)

표면법에 의한 결과는 대칭법보다 그 정확도가 떨어짐을 고려해야 하며, 코어 채취 후 초음파법을 실시하여 코어 압축강도 시험결과와 상호 비교, 보완하는 것이 바람직하다.

3. 초음파 장비 사용법

초음파를 이용한 비파괴 검사법은 압전소자 등을 이용한 발진자, 수진자를 콘크리트에 대고 발진자로부터 초음파를 수진자로 수진하여 그 수진파동을 근간으로 콘크리트의 강도, 균열심도, 내부결함 등을 검사한다.

시험장비는 보통 pundit와 TR-300을 주로 사용하는데, pundit를 중심으로 설명하면 다음과 같다.

① 측정기의 검정 : 장치부속의 교정용 기준비를 이용하여 장치의 교정을 행한다. 이때 전파시간이 25.6μ sec가 되도록 한다.

② 측정하고자 하는 위치 : (콘크리트 구조체)의 발진자와 수진자의 거리(L)를 측정 한다.

③ 측정시간 : 수진자와 발진자를 콘크리트의 상대하는 면에 그리스 등으로 밀착시킨 상태로 시간표시 단자의 수신호가 안정될 때의 전파시간(T)을 기록한다.

④ 다음 식으로부터 초음파의 전파속도(vp)를 구한다. 전달속도(Vp : Velocity) = 전달길이(L : Path Length) / 전달시간(t : Transit Time)

4. 측정결과 분석

초음파에 의한 콘크리트 비파괴 강도는 재료의 다짐, 공극, 균열, 철근배근 상태에 따라 차이가 있다. 따라서 이는 콘크리트의 강도 측정보다는 재료의 결함 및 시공상태에 초점을 맞춘다면 다음과 같다.

① 콘크리트의 품질평가 : [재료의 밀도(density), 탄성(elasticity)정도, 균질성(homogeneity)], ② 공극(void)이나 공동(cavity)의 유무, ③ 화학적 손상 및 노후화에 의한 열화 및 탄산화 현상 등을 측정, ④ 콘크리트의 강도시험, ⑤ 균열심도의 측정에 적용

(1) 콘크리트 품질 판정기준

일반적인 품질평가 차원에서, 초음파시험을 적용하여 측정한 초음파 전달속도로부터 콘크리트의 밀실성을 평가한다.

적용기준은 다음의 표와 같다.

초음파 전달속도와 콘크리트의 품질

종파속도	품질, 강도기준(Kgf/cm²)	비 고
4,600 이상 3,700~4,600 3,100~3,700 2,100~3,100 2,100 이하	우수함 양호함 약간 양호함 불량 사용 불가	미국, 캐나다 (ASTM)
4,500 이상 4,000~4,500 3,500~4,000 3,000~3,500 2,000~3,000 2,000 이하	최고 좋음 400이상 매우 좋음 400까지 좋음 250까지 만족 100까지 나쁨 40까지 매우 나쁨	러시아(구 소련연방)

(2) 콘크리트 강도 측정

① 초음파법에 의한 강도 추정

전달속도에 따른 콘크리트 압축강도 추정을 위하여 초음파속도와 압축강도의 상관관계를 RILEM CNDT 소위원회 공동시험결과에서 도출한 다음 식을 사용한다.

$F'c = 215\ Vp - 620$

(Fc : 추정압축강도 kg/cm^2)

(Vp : 직접법에 의한 초음파 종파전달속도 km/sec)

이외에 J . Pyszniak의 추정식 $F'c = 92.5V^2p - 508Vp + 782$

반호용(경기, 강원지역) $F'c = 152\ Vp - 383.9$ 등이 있다.

② 복합법(또는 조합법)에 의한 압축강도 추정

1. 일반사항

· 복합법

복합법이란 비파괴검사방법 중 2가지 이상의 결과를 이용, 상호 보완하여 콘크리트의 품질상태를 추정하는 방식으로서, 가장 일반적인 방법으로는 반발경도법과 초음파탐사법을 이용한 복합법이 있다.

· 복합법을 현장구조물에 적용

콘크리트 강도 추정을 위한 비파괴시험법 등은 콘크리트 배합조건, 사용이력 및 현장상태, 사용자의 전문성 등에 따라 압축강도와의 상관관계에 많은 영향을 미치게 된다.

· 일본건축학회 매뉴얼

"콘크리트 강도 추정을 위한 비파괴시험방법 매뉴얼"에서는 복합법에 의한 압축강도의 추정은 100㎏/cm^2 이상 600㎏/cm^2 이하의 콘크리트에 대해서만 적용하며, 재령이 3개월 이상인 콘크리트에서의 반발도(R)는 실측치의 0.9배로 하고 초음파속도 (Vp)는 직접법에 의한 측정값만을 사용하도록 하고 있으므로 표면법에 의한 Vp를 사용할 경우에는 보완하여 사용하도록 하고 있다.

2. 강도 추정방법

현재까지 제안되어 온 실험식 중 대표적인 것은 다음과 같다.

· RILEM CNDT소위원회 공동실험결과 제안식

$F'c = 8.2Ro + 269\ Vp - 1094$

· RILEM식

$\log10Fc = 0.3794Vp + 0.01149Ro + 0.4332$

$F'c = 0.85\ Fc$

(F'c : 콘크리트 강도)

(Ro : Schmidt Hammer에 의한 보정 반발강도)

(Vp : 초음파 전달속도 Km/sec)
복합법 중 가장 일반적인 방법인 반발경도법 초음파탐사법을 이용한 조합하여 분석한 결과를 각 측정분과 평균강도를 도출한다. 따라서 설계기준 강도와 비교하여 전체적으로 시설물의 콘크리트 강도에 대한 문제 여부를 판단하게 되며, 따라서 각 시설물별 추정 압축강도는 다음과 같이 표를 사용하여 정리하면 쉽게 파악할 수 있다.

복합법에 의한 압축강도 추정결과표(일반적인 양식)

<table>
<tr><th colspan="2" rowspan="3">시험위치</th><th colspan="6">결과치</th><th rowspan="3">비고</th></tr>
<tr><th colspan="2">반발경도법</th><th colspan="2">초음파 속도법</th><th colspan="2">복합법</th></tr>
<tr><td>반발경도
(Ro)</td><td>추정
압축강도
(kg/cm²)</td><td>통과시간
(km/sec)</td><td>추정
압축강도
(kg/cm²)</td><td>Fc(kg
/cm²)</td><td>Fc'
(kg/cm²)</td></tr>
<tr><td rowspan="3"></td><td></td><td></td><td></td><td></td><td></td><td></td><td></td><td></td></tr>
<tr><td></td><td></td><td></td><td></td><td></td><td></td><td></td><td></td></tr>
<tr><td></td><td></td><td></td><td></td><td></td><td></td><td></td><td></td></tr>
<tr><td colspan="2">시험방법</td><td colspan="2">반발경도 측정기
(α-750RX)</td><td colspan="2">초음파 측정기
(Pundit MKV)</td><td colspan="2">릴렘(RILEM)식</td><td></td></tr>
</table>

· 초음파탐사 시험결과 분석
위와 같은 시험방법에 따라 실시한 초음파 탐사시험의 결과를 분석한다.
① 각 시설물별 초음파 탐사법에 의한 시험결과 추정 압축강도를 산출하고, 전체 평균 압축강도도 산출한다. 또한 반발경도법에 의한 추정압축강도와 코어에 의한 압축강도와 비교 검토한다.
② 초음파 속도법에 의한 콘크리트 압축강도 추정은 한계가 있으며 구조물 위치별 상대 평가로서의 의미가 있다.

3. 기타 측정법
· 공극(void)이나 공동(cavity)의 유무
균질의 강재 검사에서는 초음파 탐상기로서 내부의 결함부 검출에 실용화되어 있으나, 콘크리트에서는 많은 과제가 남아 있다. 현재 반사법, 투과법 등의 각종 방법을 이용하여 연구 진행 중에 있으며, 일부 실용화되고 있는 실정이다.
· 화학적 손상 및 노후화에 의한 열화 및 탄산화 현상 등을 측정
화학적 손상, 노후화에 의한 열화, 탄산화 현상, 철근의 배치, 피복두께, 말뚝의 근입 심도 등의 검사법으로 연구가 진행되고 있으나 거의 실용화되지 못하고 있다.

· 균열의 심도 검사방법

균열의 심도를 측정하기 위해서는 기본적으로 발 · 수진자의 배치를 균열부근 동일 면에 설치하나, 검출파의 종류(종파, 횡파, 표면파)와 검출항목(전파시간, 주파수, 위상 등)에 따라 많은 방법이 있다. 이 중 대표적 균열심도 측정법을 소개한다.

- T_c-T_a법 : 종파용 발 · 수진자를 개구부를 중심으로 등간격 L/2로 설치하였을 때, 균열 선단부를 회절한 초음파의 전달시간 T_c와 균열이 없는 부분에서의 발 · 수진자의 거리 L에서의 전파시간 T_0 로부터 균열의 심도를 구하는 방법이다.

$$d = L/2\,(\sqrt{T_c/T_a)^2 - 1})$$

- T법 : 전파시간의 관계로부터 균열의 위치에서의 불연속 시간를 도면상에서 구하여 균열의 심도를 구한다.

$$d = \mathrm{t}\cos(t\ cos\ \alpha + 2\mathrm{L})\,/\,2\,(t\ cot + \mathrm{L1})$$

여기서 L : 발 · 수진자의 중심거리

L1 : 발신자로부터 균열까지의 거리

- BS-4408에 규정한 방법 : 균열 개구부를 중심으로 종파용 발신자와 수신자를 150mm와 300mm 간격으로 배치한 때의 각 전파시간을 구하는 방법으로서 균열의 심도를 구하는 방법이다.

$$d = \sqrt{(4t_1^2 - t_2^2)\,/\,(t_2^2 - t_1^2)}$$

여기서 t : 균열의 심도

t_1 : 150mm 간격시의 전파시간

t_2 : 300mm 간격시의 전파시간이다.

단, 균열로부터 발 · 수진자까지의 거리는 진동자의 중심까지의 거리가 아니고, 진 동자 끝단까지의 거리이다.

MEMO

2 철근의 탐사

기기 23 비파괴 철근탐사기

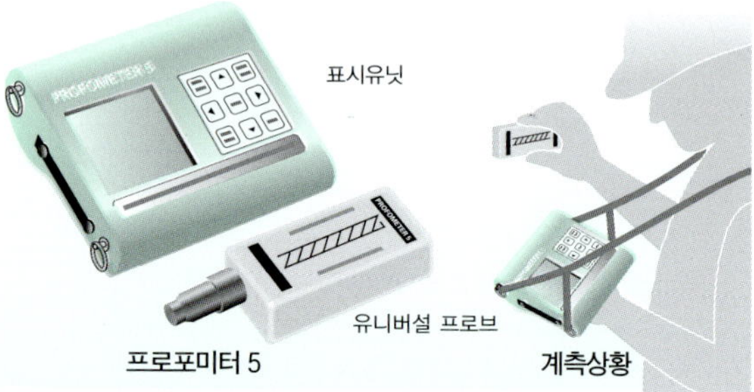

현장상황

철근의 위치와 피복두께, 철근 지름을 확인하고 싶다!

준공한 지 5년된 RC조 7층짜리 상업시설로, 3층 제치장 외벽 면에 장식물(monument)을 설치하고 싶은데 그 부분에 균열이 보이기 때문에 최대한 빨리 조사해 달라고 건물 관리자로부터 의뢰를 받았다.

측정 목적

준공도 대로 철근이 배근되었는지, 또한 발생한 균열이 긴급보수를 해야 하는 것인지 여부를 검토한 다음에 철근의 위치와 피복두께, 철근 지름을 조사할 목적으로 실시한다. 설계도대로 철근이 배치되어 있다면 건물 관리자에게 의뢰 받은 장식물 설치는 문제없이 설치할 수 있지만, 피복두께 부족으로 인해 철근이 부식되어 균열이 발생한 경우라면, 콘크리트 박리로 이어질 우려가 있어 위험한 상태가 될 것이므로 고려해야 한다.

측정기 제원

제품명	프로포미터 5
제조업체	후지물산(일본)
원리	전자유도에 의한 철근 탐사
측정치	100,000점 (피복두께)의 기억이 가능하다.
최대 측정 파일	63
화면표시	128×128(LCD)
인터페이스	RC232C 그래픽 인쇄 · PC전송이 가능하다. (프린트 및 전송 소프트는 별도)
전원	단삼 건전지(1.5V) 6개 연속사용 약 45시간
사용 온도범위	−10℃~+60℃
외관치수	163(L)×365(W)×107(H)mm,
중량	2.5kg

취급요령

1. 기기개요

프로포미터(profo meter) 5는 콘크리트 구조물 내부의 철근 위치와 피복두께, 철근 지름을 탐사 · 측정하는 것이 가능하다. 설정한 허용피복두께 이하가 되면 부저음으로 알려준다.

이 기기에 부속된 유니버설 프로포는 자기, 골재, 특수시멘트의 영향을 자동으로 보정하여 인접 철근의 영향을 받지 않고 측정이 가능하며, 다음과 같은 기능적 특징을 가진다.

① small 설정
   측정 가능한 피복두께는 0~70mm까지(d16의 경우)

② rage 설정
   측정 가능한 피복두께 0~120mm까지(d16의 경우)

③ 철근 지름 측정
   측정대상 철근은 피복두께 0~60mm 미만까지

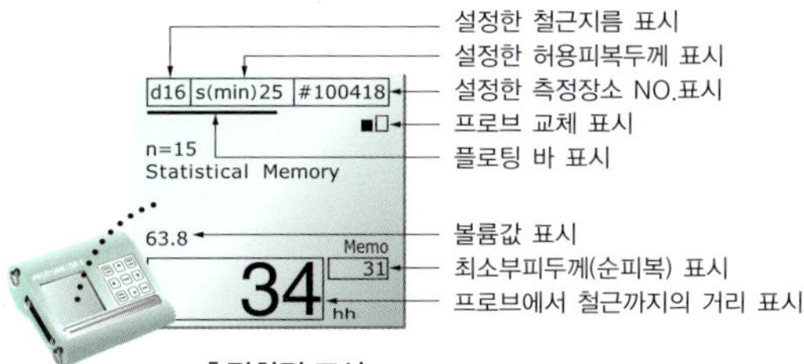

측정화면 표시

2. 검사순서

측정면에 유니버설 프로브를 두며 원칙적으로 세로 철근의 탐사는 가로방향으로, 가로 철근의 탐사는 세로방향으로 이동시킨다.

유사기기

(1) RC 레이더(핸디서치 / NJJ-9)

전자파 레이더에 의한 조사를 실시한다. 전자유도에 의한 것과 달리 무근콘크리트의 경우는 공동과 매설물의 위치, 깊이의 정보를 얻을 수 있다. (제조업체 : 일본 무선사)

(2) 철근 탐사기 (PROFO METER 4 S 및 PROFO METER 4 S+, PROFO METER 4 Scanlog)(한국 : 동아측기사)

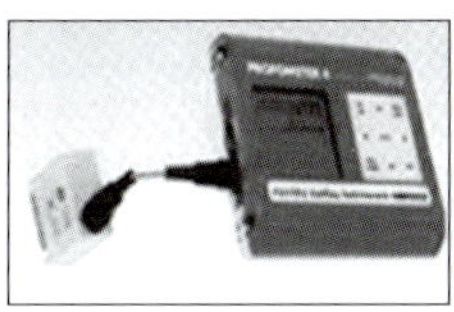

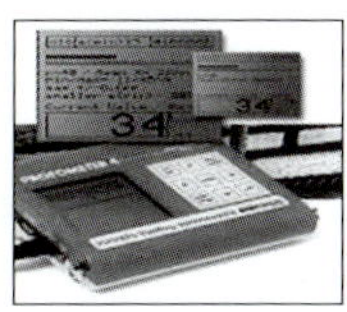

측정기 제원

용도	1. 콘크리트 구조물 내부의 철근의 위치, 피복 두께, 철근직경, 측정 철근에 대한 평면 배근도등을 비파괴적으로 측정
PROFOMETER 4 S Model	1. 본체 : 1대 2. 측정 프로포 : SPOT PROBE 연결 케이블 1 SET 3. 배터리 : 1.5V×6개 4. 응용소프트웨어 : CYBER SCAN VER3.0(3.5"DISK)1매 5. 사용자 매뉴얼 : 1권 6. 운반용 케이스 : 1개 7. 화 표시 : 128×128LCD그래픽 액정화면 8. 측정범위 : 0~최대 300mm(콘크리트 피복) 9. 측정 정밀도 : ±2mm(100mm 피복두께 측정시) 10. 철근위치 설정기법 : ①인공지능 감지센서를 이용한 평면 배근도, ②측정 확인기능, ③음향신호, ④디지털 및 바 그래프(감도센서)에 의한 확인 11. 저장능력 : 1Mbit비 휘발성 메모리로 72개 객체에 100,000측정점 저장 12. 수평측 분해능 : 1.7cm(피복3cm에 16mm 철근 기준시) 13. 수직측 분해능 : 1.7cm(피복3cm에 16mm철근 기준시) 14. RS 232C 인터페이스 내장

❖ 자체품질검사 포인트

☞ 철근 탐사기를 이용한 측정은 철근 등 도전성이 있는 매설물 검출에 한정한다.
☞ 철근 탐사기는 공동이나 찌그러짐 등의 결함이 있는 경우에도 철근 탐사가 가능하다.
☞ 철근 탐사기는 저항성이 부족하여 주위에 있는 자성체의 영향을 받기 쉽기 때문에 철근의 피복두께보다 배근 간격이 밀집한 경우에는 측정이 곤란하다.
☞ 철근 탐사기는 콘크리트 2차 제품의 반입 검사에도 이용할 수 있다.

MEMO

3 비파괴에 의한 콘크리트 압축강도

기기 24 슈미트해머(Concrete test용 summit hammer)

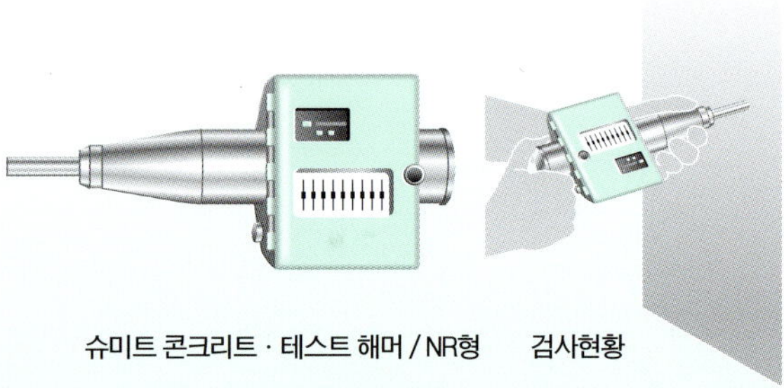

슈미트 콘크리트 · 테스트 해머 / NR형 검사현황

현장상황

비파괴로 콘크리트 압축강도를 확인하고 싶다!

준공한 지 28년 된 RC조 6층짜리 사무소빌딩으로, 1층 입구의 기둥 일부에서 균열이 확인되었다는 연락이 건물관리자로부터 왔다. 이 사무소 빌딩은 도시의 오피스가에 위치해 있으며, 세 방향이 건물로 둘러싸여 있고, 정면 현관은 국도에 면해있다. 또한 해당 건물은 새로운 내진기준 이전에 지어진 것으로 이번 기회에 내진 진단도 함께 하여 대규모 리뉴얼 공사를 진행하기로 되어있다. 건물 조사를 실시하기에 앞서 마감도와 구조도, 구조계산서 등의 설계도 유무를 확인한 결과 건물 관리자가 보관하고 있었다.

측정 목적

콘크리트 압축강도가 설계상 필요강도를 확보하고 있는지의 여부를 조사하기 위해 실시한다. 준공한 지 28년이나 경과되었기 때문에 당연히 내진진단뿐만 아니라 종합적인 건물조사를 하기로 하였다. 건물의 손상은 1층 입구의 기둥에서 확인된 균열 외에도 여러 곳에서 콘크리트의 결손과 철근의 녹, 누수흔적 등이 발견되었다. 보링 머신을 이용해 구조체에서 코어 공시체를 발췌한 조사를 병행하면서 테스트 헤머를 이용해 비파괴검사를 하기로 하였다.

측정기 제원

제품명	콘크리트 테스트 슈미트 해머 / NR형
제조업체	후지물산(일본)
충격에너지	2,207Nm
강도측정범위	10~70N/mm^2
중량	1.4kg
기록지	4,000회 측정/권(*자동 기록한 기록지는 나중에 시험결과 증명서로 사용할 수 있다.)

취급요령

1. 기기개요

콘크리트 테스트기 슈미트해머는 콘크리트 표면을 슈미트해머로 타격하여 그 반발경도에 타격각도와 재령, 함수상태 등의 보정을 가해 콘크리트 압축강도(Fc)를 측정한다. 또한 반발도(R)를 자동으로 기록하는 장치를 갖추고 있어서 측정치를 읽고 기록하는 수고를 들어준다. 한 곳의 검사에서 사방 3cm 간격으로(세로 4줄, 가로 5줄) 교차된 20포인트를 타격하여 그 평균치를 표준 값으로 한다. 콘크리트 비파괴검사에서 가장 많이 쓰이는 방법이다.

2. 검사순서

① 측정 개소에 왼쪽 아래의 그림처럼 가로, 세로 3cm 이상의 간격으로 해머를 치기 위한 표시를 한다.
② 해머로 20포인트에서 해머를 타격한다.
③ 20포인트의 반발도(R) 평균치로 압축강도(Fc)를 추정한다.

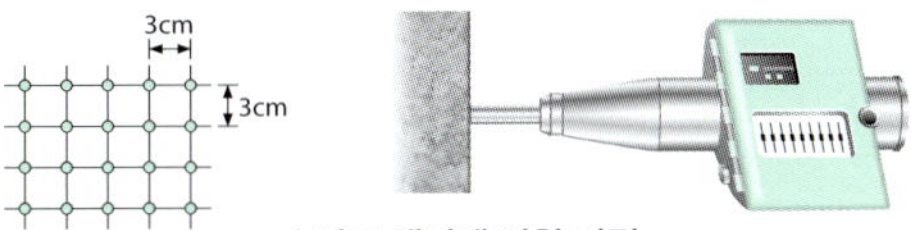

슈미트 해머에 의한 타격

3. 콘크리트 압축강도(Fc)의 추정식

콘크리트 압축강도(Fc)의 추정식에는 다음과 같은 4식 이외에도 많은 관계식이 있으나 결과가 반드시 일치하지는 않는다. ①식과 ②식 사이에 실제 코어 발췌에 의한 압축강도 차이가 있는 것을 알 수가 있다.

① 일본재료학회식 : Fc = (13R−184)× α
② 일본건축학회식 : Fc = (7.3R+110)× α
③ 동경도식 : Fc = (10R−110)× α
④ 시바다게식 : Fc = (14R−157)× α

현장에서 가장 널리 사용되고 있는 식으로는 ①의 일본재료학회식이다.

☞ 제6장 구체. 6.2.콘크리트공사. 슈미트해머의 유사기기 참조

유사기기

(1) 디지슈미트 2

자동으로 기록하는 장치를 갖추고 있지 않은 판독식 노멀 타입과 그림처럼 측정 결과가 디지털로 표시되는 타입이 있다.
(제조업체 : 후지물산)

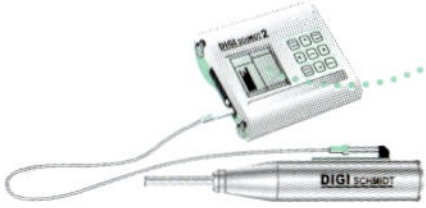

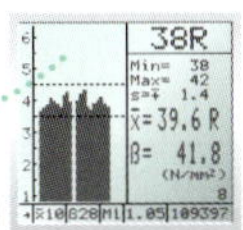

(2) 기타, 여러 가지 측정계기
(Concrete Test Hammer Non-destructive Testing Instruments for Concrete)

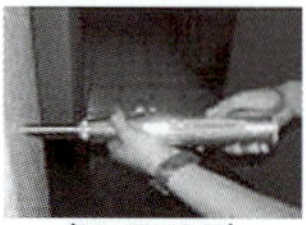
(N-TYPE)

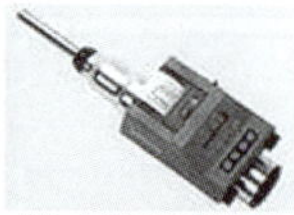
(R-7500TYPE)

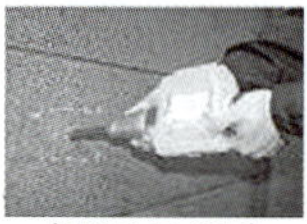
(NSR TYPE)

(NS TYPE)

유사 측정계기

❖ 자체품질검사 포인트

- ☞ 슬래브나 벽처럼 기둥이나 보에 비해 얇은 부재의 경우에는 같은 방향이라도 반발도(R)에 차이가 나타난다. 테스트 해머의 사용 방향에 따른 보정을 하지만 대상하는 콘크리트 단면에는 주의를 필요로 한다.
- ☞ 반발도(R)를 사용한 압축강도 추정식에는 여러 가지가 있으므로 어떤 추정식을 사용한 결과인지를 기록해 둔다.
- ☞ 철근 위치는 반발이 커져서 정상 수치를 얻지 못하는 경우가 있으므로 주의해야 한다.
- ☞ 콘크리트 재령에 따른 보증계수(α)를 삽입한다.

MEMO

4 콘크리트 중성화 깊이 측정

기기 25 페놀프탈레인 (Phenolphthalein: $C_2OH1_4O_4$) 1% 용액

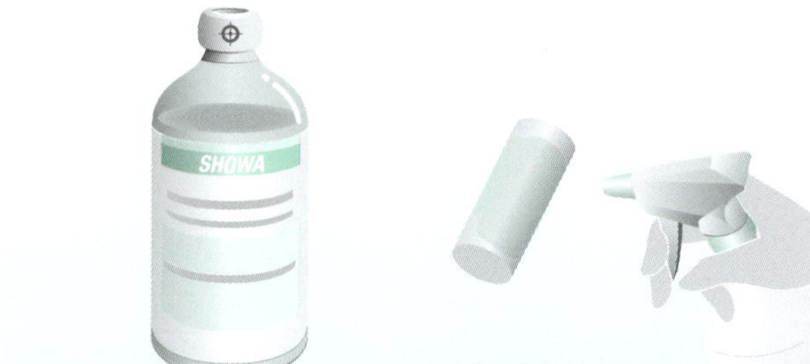

페놀프탈레인 용액

페놀프탈레인 1% 용액
분무에 의한 변색 상황

현장상황

콘크리트의 중성화 깊이를 알고 싶다!

준공한 지 15년 된 RC조 10층짜리 사무소 빌딩으로 내외장 모두 대규모 개수공사를 하기로 계획되어 있다. 해당 건물은 차량에 의한 배기가스의 영향이 가장 큰 교차점에 지어져 있다. 개수공사계획이 세워지고 건물관리자가 다시 살펴본 결과 콘크리트 표면 일부에서 철근의 녹이 확인되어 내외벽 모두 콘크리트의 중성화 깊이를 측정하기로 하였다.

측정 목적

콘크리트 타설 당시에는 강한 알칼리성으로 철근을 보호하도록 되어있었지만, 일부에서 철근의 녹이 확인되었고, 15년에 걸친 산성비와 배기가스, 스모그, 염분, 등의 영향으로 더 빨리 중성화가 진행된 것은 아닌지 확인함과 동시에 중성화 억제 계획을 세우는 것을 목적으로 한다.

중성화에 의해 구조체의 설계강도가 떨어지는 일은 없지만, 중성화가 진행되면 내부 철근의 부식이 빨라진다. 그 결과 철근의 열화가 일어나고 철근에 발생한 녹에 의해 체적이 팽창하며 주위 콘크리트를 균열시켜 피복이 박리되기에 이른다. 이러한 상태가 되면 건물 전체의 강도에 심각한 영향을 미쳐 위험한 상태가 된다.

측정기 제원

제품명	페놀프탈레인 용액
제조업체	약품 제조회사(한국, 수입)
성질	산염기지시약(pH지시약, 중화지시약)으로 수용액 중의 pH변화에 의해 변색되는 시약, 변색 범위는 8.0~10.0, 산성범위에서는 무색, 염기성 범위에서는 적색을 나타낸다. 페놀프탈레인 1%용액은 에탄올 90ml에 페놀프탈레인 0.1g을 녹여 그 액에 물을 더하여 100ml로 만든다.

취급요령

1. 제품 개요

콘크리트의 중성화란 시멘트 경화체의 알칼리성이 저하되는 현상으로, 탄산가스와 산의 영향이 크다. 중성화 진행에 따른 알칼리성의 손실로 철근 주의의 부동태 피막이 파괴되어 철근에 녹이 슬기 쉬워진다. (Ph=11 이하) 실외와 실내를 비교했을 경우, 탄산가스 농도는 실외가 0.03%임에 대해 실내에서는 0.1%라는 수치를 건축학회에서 제시하고 있는데, 실내의 중성화 진행은 내장재 등에 의해 보호되어 중성화를 억제하고 있기 때문이다. 페놀프탈레인 1% 용액은 중성이며 무색이고 pH 0.8 이상일 경우 옅은 핑크색이 되고, pH 10.0 이 되면 짙은 핑크색이 된다.

콘크리트의 중성화 측정은 장치가 필요 없고 뿌리기만 하며 된다. 보수가 어려운 코어 뽑기를 할 필요가 없지만 다음의 '2.검사의 면종류와 순서' 에 나타낸바와 같은 저렴하고 간편한 방법도 있다.

2. 검사의 종류와 순서

코어법

측정 구체를 코어채취용 드릴로 콘크리트 조각을 뽑아내어 페놀프탈레인 1% 용액을 뿌린다. 중성화 깊이 측정과 pH를 확인한다.

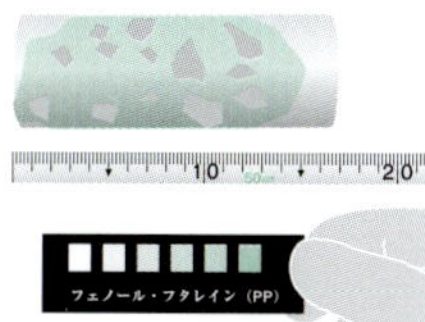

중성화 깊이와 pH의 확인

드릴법

드릴로 콘크리트에 구멍을 뚫고 그 콘크리트 가루를 페놀프탈레인 1% 용액에 담근 여과지로 변색의 유무를 확인한다. 변색시 깊이를 알 수 있도록 드릴 삭공(削孔)의 진행상태에 맞쳐 여과지를 회전시킨다.

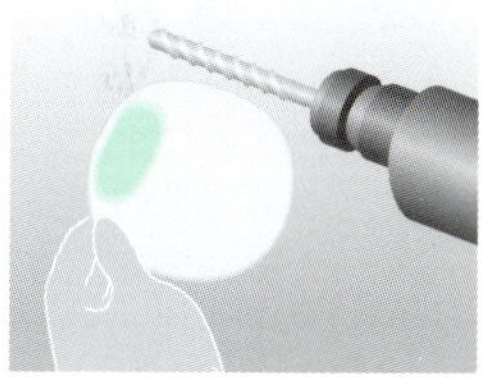

여과지상의 변색 확인

❖ 자체품질검사 포인트

☞ 중성화 속도는 탄산가스 농도가 높고 고온이며 건조할수록 빠르다.

☞ 중성화 속도는 마감재료에 따른 중성화 속도 정수에 비례한다. 다음은 제치장 콘크리트를 표준인 1,000으로 했을 경우의 중성화 속도 정수 비율을 나타낸다.

① 비닐 크로스 : 0.004
② 모르타르 바름 : 0.217
③ 아크릴계 에멀션 바름재 : 0.279
④ 아크릴계 리신 바름재 : 0.971
⑤ 합성수지 에멀션 바름재 : 0.659

5 콘크리트 표면의 균열 폭

기기 28 간이 균열 측정 게이지(CM gauge)

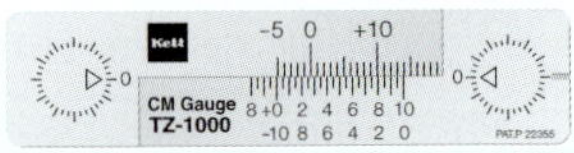

크랙 무브먼트 게이지(CM 게이지)

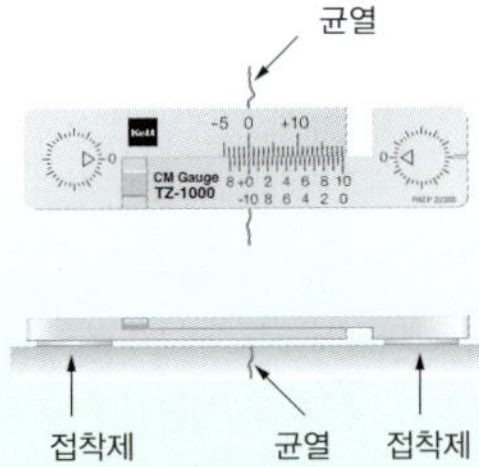

측정방법

현장상황

균열폭의 거동 변화를 확인하고 싶다!

준공한 지 6개월 된 외벽이 모두 제치장으로 마감된 3층짜리 의료시설로, 1층 외벽에서 균열이 보여 빨리 조사해 달라는 건축주로부터의 의뢰를 받았다. 건축주 스스로 건물 세부에 이르기까지 미리 조사한 것이 있어 그 결과를 토대로 조사 의뢰를 받았는데, 조사결과를 근거로 당시 현장을 담당했던 소장, 본사의 기술진 및 영업 담당자에게 현지 상황을 확인시키기로 하였다.

측정 목적

해당건물의 균열폭이 구조상의 문제에 의한 것인지 여부를 조사하고 열화상태를 판정하기 위해 실시하였다. 조사결과 균열폭은 구조상의 문제가 잠재 되어 있을 것으로 판단되는 0.3mm 이상은 아니었으며, 확인된 것은 모두 0.1mm 정도이고 다행이 누수도 없었다. 또한 준공 후 반년 정도 경과된 시점이어서 향후 균열이 커질 가능성이 있다는 점에서 한동안 균열폭의 거동변화를 관찰하고, 그 결과에 따라 상황에 맞는 가장 적합한 보수방법을 선택하기로 하였다. 균열의 거동변화를 조사하기 전에 현재의 균열에 대해 위치와 폭을 조사 · 정리한 결과를 고찰해 측정치를 정하였다.

측정기 제원

제품명	크랙 무브먼트 게이지(CM게이지) / TZ – 100 (Crack Movement Gauge)
제조업체	케트과학연구소(일본)
눈금	기본자 : 1mm눈금, 보조자 : 0.05mm눈금
계측범위	5mm~5.7mm(분해능 0.05mm인 경우) 5mm~19mm(분해능 1mm인 경우)
치수중량	85~120(W)×7(H)×20(D)mm, 8g
부속 접착제	A액 : 젤리상의 순간 접착제 B액 : 탄성접착제

취급요령

1. 기기개요

크랙 무브먼트 게이지(crack movement gauge)는 건물에 발생한 균열의 거동 변화를 계측하기 위한 '간이균열측정게이지'이다. 건물에 발생한 균열개소에 부속접착제로 계측기 받침을 고정하여 사용한다. 접착제는 내수성이 있기 때문에 실외에서도 사용이 가능하다. 정기적으로 대상이 되는 균열폭을 계측함으로써 0.05mm 단위의 미소한 거동을 확인할 수 있다.

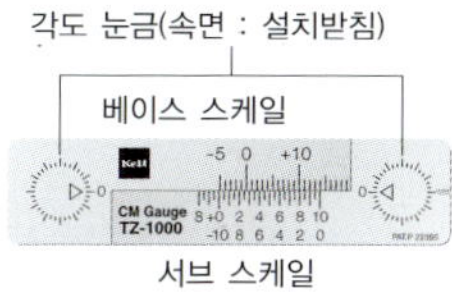

각부의 명칭

2. 검사순서

계측기 설치방법

① 좌우의 설치 받침 삼각마크와 각도 눈금의 O을 맞춘다.

② 기본자(base scale)과 보조자(sub scale)의 O점을 맞춘다.

③ 설치 받침의 바닥면에 부속 접착제를 바르고 상기 O점을 균열 중심선과 일치시켜 균열에 걸쳐지도록 붙인다.(우측 측정기 설치방법 참조)

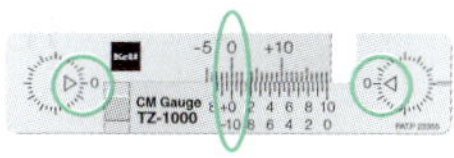

측정기 설치방법

④ 기본자(尺)와 보조자(尺)는 균열의 움직임에 따라 신축하므로 이 변화를 계측한다.

계측방법

① 기본자의 O점이 보조자의 어느 위치(눈금)를 나타내는지 읽고 1mm 단위로 계측한다.

② 다음은 보조자의 눈금과 기본자의 눈금이 합쳐지는 위치를 찾는다. 여기서 0.05mm 단위의 수치를 읽을 수 있다.

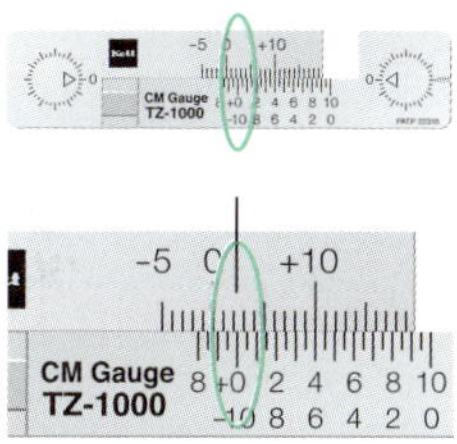

계측 방법

❖ 자체품질검사 포인트

☞ 보조자 상단의 수치(+)는 균열 확대시, 하단의 수치(-)는 크랙 축소시에 적용한다.

☞ 상하 눈금의 합치점이 기본자의 19mm를 넘을 경우 보조자의 O점 이하의 눈금에서 일치하는 위치를 읽는다.

☞ 콘크리트의 균열은 콘크리트의 건조 수축에 의해 발생하는 경우가 많으며, 또한 건조 수축은 몇 년간 계속되기 때문에 균열 발생시기에 맞는 보수방법을 선택해야 한다.

6 콘크리트 표면의 균열 깊이

기기 27 균열 깊이 측정기

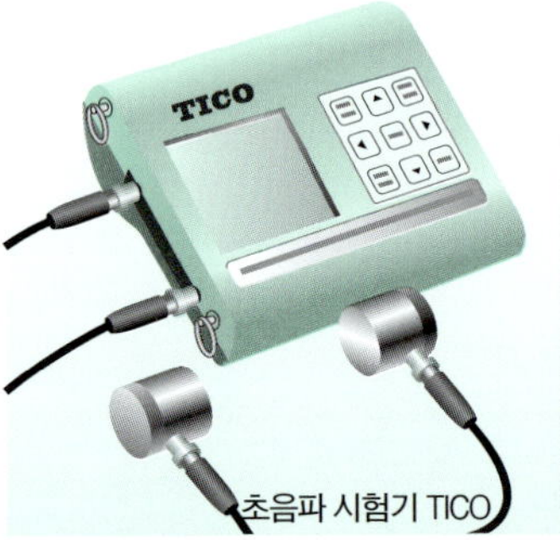

초음파 시험기 TICO

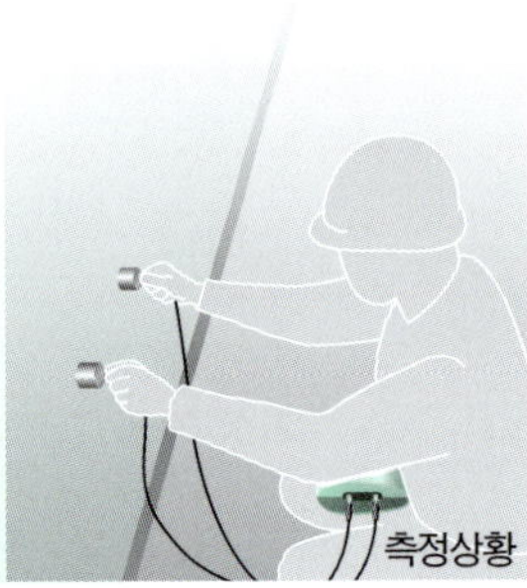

측정상황

현장상황

콘크리트 표면의 균열 깊이를 확인하고 싶다!

RC조 3층짜리 요양시설로 준공 후 1년차 검사가 실시되었다. 해당 건물은 해안가 근처에 지어져 있고 외벽은 모두 콘크리트 제치장 마감이다. 3층의 바닥 쪽에 면한 외벽에 폭이 약 0.15mm의 균열이 여러 곳에서 확인되어 후일 외벽 전면의 균열발생 상황을 조사하기로 하였다.

측정 목적

균열 깊이가 철근 위치까지 도달한 경우는 수분과 공기의 침입에 의해 철근에 녹이 발생하고 녹 진행에 따른 체적 증가에 의해 콘크리트 표면에 균열이 생겨 콘크리트가 박락(剝落)될 위험성이 있다. 또한 해안가 근처에 지어진 건물은 바닷가에서 불어오는 염분의 영향도 받기 때문에 콘크리트의 균열폭뿐만 아니라 균열 깊이를 조사함으로써 정확한 보수를 하기 위한 판단자료를 얻는것을 목적으로 한다.

측정기 제원

제품명	초음파시험기 티코(TICO)
제조업체	후지물산 (富士物産)/일본
측정범위	0.1~6553.5㎲
읽는 시기	0.1㎲
전압펄스	1kV
펄스속도	1/s
입력시의 임피던스	1MΩ
기억용량	측정개소 250 곳에 상당
온도범위	-10~+60℃
치수	325(W)×105(H)×295(D)mm
전체중량	2.2kg
연속사용시간	배터리 사용일 경우LR 6전지 1.5V 6개로 60시간
기타	RS232C 인터페이스

취급요령

1. 기기개요

초음파시험기 티코는 콘크리트 슬래브 등에 발생한 균열의 깊이를 비파괴에 의해 측정하는 것으로, 초음파범위 (20kHz이상)의 탄성파를 콘크리트에 입력시켜 균열 선단에서의 해석과 도달시간을 측정함으로써 균열 깊이를 알 수 있다. 또한 균열 깊이 외에도 공극, 화재나 서리에 의한 결함, 콘크리트 압축강도, 콘크리트의 균질성, 탄성계수에 대한 정보도 얻을 수 있다.

2. 검사순서

① 균열부분에 걸쳐지도록 발진기와 수진자를 설치하여 계측한다. (아래 그림 참조)

② b의 거리를 입력한다.

③ t_1-t_1 사이의 전파시간을 입력한다.

④ t_2-t_2 사이의 전파시간을 입력한다.

⑤ 균열 깊이 c가 자동으로 계산되어 표시된다.

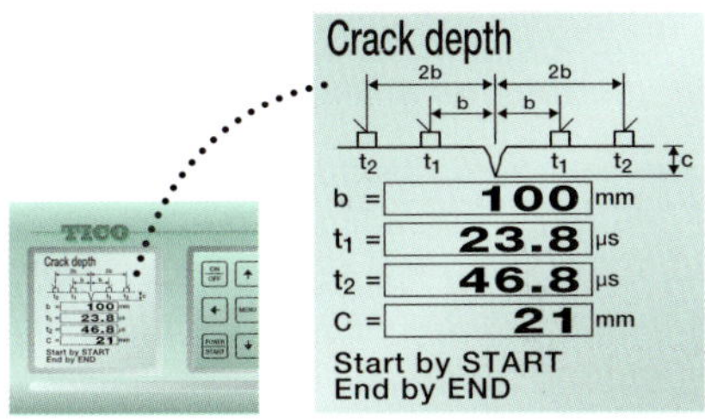

크랙 깊이의 측정

유사기기

초음파측정기 엘소닉

측정순서는 초음파시험기 티코와 거의 동일하다.
(제조업체 : 동횡에르메스/일본)

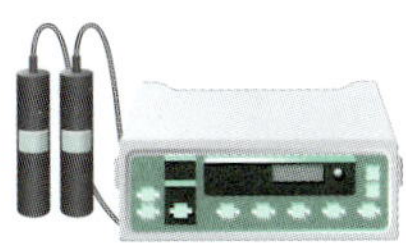

❖ 자체품질검사 포인트

☞ 철근이 균열 깊이보다 낮은 위치에 있는 경우 초음파가 철근 내를 이동하여 정확한 진단이 어려운 경우가 있으므로 주의할 것

☞ 측정 전 처리로서 발진자와 수진자를 대는 콘크리트 표면의 요철을 손질하여 평탄하게 할 것

☞ 마감재가 있는 경우에는 측정부위 부분을 제거하고 나서 할 것.

☞ 균열이 구체를 관통하지 않았는지 반대쪽에서 상황을 확인할 것.

7 타일 들뜸 · 박리(1)

기기 28 적외선 서모그래피(Thermography)

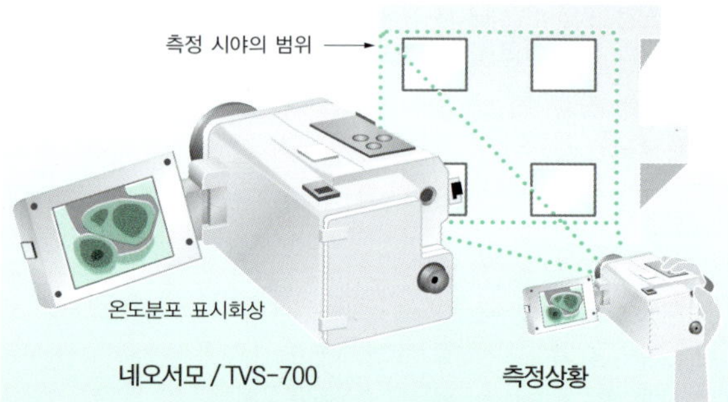

현장상황

외벽 타일의 들뜸 · 박리 상황을 확인하고 싶다!

준공한 지 12년 된 RC조 3층짜리 임대공동주택으로 동쪽 3층 개구부 주위의 외벽타일 일부가 박리되어 낙하되었다고 건축주로부터 연락이 왔다. 낙하된 타일로 인해 지나가던 행인이 다치거나 주차장에 세워두었던 차량에 피해를 주지는 않았다. 현장을 조사한 결과 이틀 전에 발생한 태풍의 강풍으로 인해 박리되어 떨어진 것으로 고려된다.

측정 목적

건축주로부터 박락된 외벽면 보수와 그 외에 위험한 곳이 더이상 없는지 최대한 빨리 조사해 달라는 요구를 받았다. 해당 건물은 주위가 도로로 둘러싸여 있으며 외벽타일이 박락된 동쪽도 1층 부분이 주차장이고 건물 전체의 미관이 좋기 때문에 가설 외부비계를 설치하지 않고 조사할 수 있는 적외선카메라를 이용해 외벽타일 전면의 들뜸 · 박리 상황을 확인함과 동시에 적절한 보수처치를 실시하기 위한 판단 재료를 얻을 목적으로 실시하기로 하였다.

측정기 제원

제품명	네오서모 / TVS - 700
제조업체	일본 아비오닉스社(사)
측정온도범위	-20℃~500℃
온도 정확도	대상물 온도 100℃ 이하 : ±2℃ 대상물 온도 100℃ 이상 : ±2%
프레임 타임	1/30s
검출소자	2차원 비냉각 마이크로포로미터(320(H)×240(V)소자)
측정파장	8~14㎛
측정시야각	26.0° H×19.6° V(표준렌즈 사용시)
측정거리	30cm~∞(표준 렌즈 사용시)
표시 화소수	320H×240V

취급요령

1. 기기개요

타일박락 점검기 '네오서모'는 정상인 부분과 결함이 있는 부분의 콘크리트 표면 온도차를 감지하여 화상화함으로써 들뜸 · 박리가 있는 곳을 찾아내는 기기이다. 타일의 들뜸 · 박리조사, 누수조사 등 각종 조사를 할 수 있으며 다음과 같은 특징을 가지고 있다.

① 조사용 비계를 설치하지 않아도 되기 때문에 작업성 · 안전성 · 경제성이 우수하다.

② 비접촉식이어서 넓은 면적을 단시간에 조사할 수 있다.

③ 실시간으로 온도계측을 할 수 있다.

④ 조사결과를 열화상으로 기록 · 보존 · 재생할 수 있다.

2. 검사순서

① 조사대상이 되는 건물의 측정개소를 촬영한다. 화상의 왜곡이 커지면 조사 오차도 커지기 때문에 촬영각도에 대해서는 촬영대상에 최대한 똑바로 향하게 하고 촬영대상에 대한 앙각 및 진각을 30° 이내로 할 것.

② 적외선 장치인 액정모니터에 나타난 온도를 메모리카드에 기록한다.

③ 정상인 외벽 면은 열을 구체로 보내기 때문에 저온이 되며 액정모니터에 파란색으로 표시된다. 반면, 결함이 있는 외벽 면은 외벽타일과 구체 사이에 발생한 공기층이 단열재 역할을 하기 때문에 온도가 상승하여 액정모니터에 적색으로 표시된다.

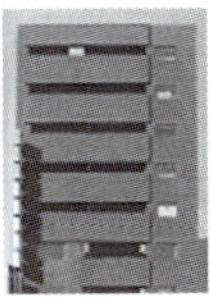
외관 가시상

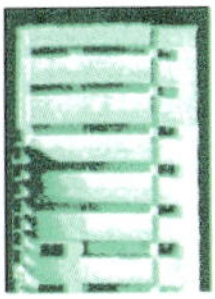
외관 열화상

유사기기

휴대용 소형 열화상 카메라 InfraCAM / CPA-O 200

비접촉식으로 측정대상물의 온도를 계측하여 3.5인치형 컬러 액정모니터에 짧은 시간에 확인할 수 있다. 계측 화상은 JPEG형식으로 50매까지 보존이 가능하다. 보존된 화상데이터는 USB케이블을 사용하여 PC로 보낼 수 있다. (제조업체 : 일본 치노社)

적외선 열화상 카메라

[참 고]

콘크리트 조사용 적외선(赤外線) 서모그래피란(Thermography)?

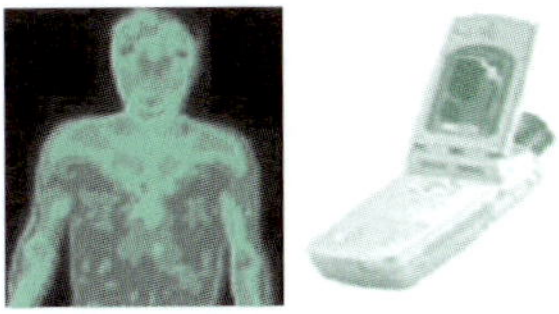
적외선 열화(좌) 및 분석기(우)

생체나 물체표면을 화상화하여 온도분포를 측정하는 방식이다. 생체나 물체로부터 방사되는 적외선을 측정, 그 데이터를 전기신호로 바꿔 화상화하는 방법과 온도에 따라 색이 변화하는 액정을 생체나 물체에 도포해 사진촬영 등으로 화상화 하는 방법이 있다. 외벽타일 박락뿐만 아니라 최근 콘크리트 구조물의 검사방법으로 미세 파괴검사와 비파괴 검사가 주목 받고 있는데, 그 중 철근 탐사기를 이용한 비파괴 검사는 토목 건축구조물 조사에서 철근의 백화 두께나 배근상태 등을 확인하는데 이용되고 있다.

드릴로 구멍을 뚫을 때에 철근이 있는 위치를 피하기 위해 내부의 철근을 파악하는 철근 탐사기가 사용되는데 이런 철근 탐사기는 유지 · 보수의 전문가가 아니라도 결과를 분석하고 간단하게 사용할 수 있는 기술로, 유지 · 보수의 업무를 확대하는데 도움을 주고 있다.

일본의 "고요건설주식회사"에서 콘크리트 구조물을 유지 관리하기 위한 비파괴검사 방법으로서 구조물의 철근 부식의 유무 및 철근의 부식량, 내부 공동의 위치를 정밀하게 파악할 수 있는 철근콘크리트의 열화 진단시스템을 개발하여 사용하고 있다. 이 시스템은 적외선 온도기록계와 철근 가열, 열전도 해석에 의해 열화를 진단하도록 되어있다.

또 일본의 '주오대학 이공학부 토목공학과' "오오시모 에이키" 교수는 적외선 서모그래피(Thermography)를 이용한 철근콘크리트 구조물의 열화 진단을 위하여 전자 유도 가열에 의한 비파괴 진단기술과 결함위치 진단 화상처리 소프트웨어를 개발한바 있다.

이로 인해 측정과정에서 콘크리트를 깨뜨릴 필요가 없고 결함위치도 자동적으로 검출되기 때문에 "적외선 서모그래피"에 의한 열화를 효율적으로 정밀하게 진단할 수 있게 되어 콘크리트 균열 등 결함 발견에도 이용되고 있다.

❖ 자체품질검사 포인트

☞ 일부분의 타진조사 결과를 기준으로 열화상 해석 결과와 비교함으로써 박리부분의 범위를 확인할 수 있다.

☞ 그 이외에도 응용의 예로서는 ① 옥상 바수층의 누수범위확인, ② 벽면의 무수조사, ③ 건축설비 · 전기설비의 온도분포 조사, ④ 매설관의 무수 조사, ⑤ 건설재료의 보온성능 조사 등에도 이용되고 있다.

☞ 네오서모에 의한 조사는 측정범위를 보이게 하는 것이 조건이 되기 때문에 적어도 하나의 벽면이 모두 보이는 경우에 채용되고 있다.

MEMO

8 타일 들뜸 · 박리(2)

기기 29 외벽 타진 조사 로봇

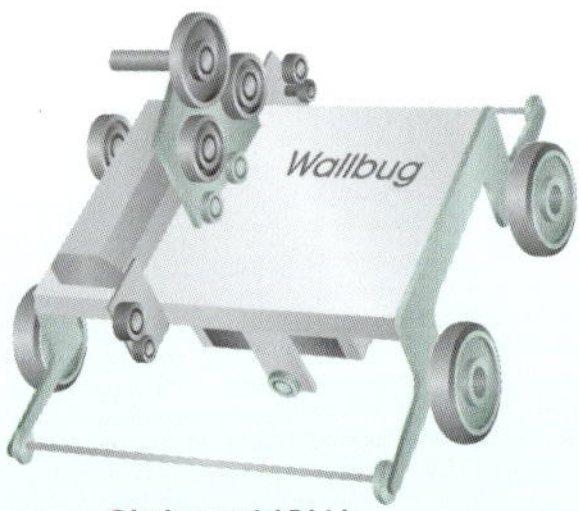

월버그 로봇형상

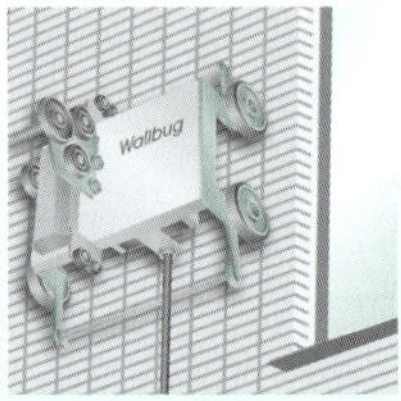

조사상황

현장상황

외벽 타일의 들뜸 · 박리상황을 확인하고 싶다!

준공한 지 14년 된 RC조 9층짜리 집합주택으로 대규모 개수공사를 전제로 한 건물조사 · 진단을 하기로 되어 있었다. 당시의 설계도로 확인한 결과 해당 건물의 외벽은 마구리 타일을 압착붙임 공법으로 마감하였으며 육안조사에서 외벽 타일이 박락된 곳은 보이지 않았지만, 북쪽 3~7층에 걸쳐 광범위하게 몇몇 곳에 외벽 타일에 들뜸과 균열, 녹물이 확인되었다.

측정 목적

해당 건물 주위는 같은 규모의 건물이 인접해 있기 때문에 적외선 장치에 의한 조사가 어렵고, 또한 균열과 녹물도 눈으로 확인되었기 때문에 외벽타일뿐만 아니라 타일줄눈의 균열 등 기타 열화 정도를 조사할 필요가 있었다. 향후 개수공사계획을 구체적이고 세부적으로 진행해 나가기 위한 판단을 얻기 위해 CCD 카메라를 사용하여 근접 육안조사가 가능한 외벽타진 조사 로봇을 사용하기로 하였다.

측정기 제원

제품명	월버그(로봇)
제조업체	일본 건물진단협회
외형치수	조사기 본체 : 670×700mm, 컨트롤박스 : 42×320×250mm
진단방법	철과음 해석 · VTR기록방법(진단폭 : 0.5mm)
전압	AC100V
주파수	50/60Hz
소비전력	250W
모터용량	승강모터 : 100V · 12V, 진단모터 : DC12V
하강피치	10cm, 20cm, 40cm 수동교체
승강스피치	4.6m/min(50Hz) 5.5m/min(60Hz)
운전	수동 · 자동 교체

취급요령

1. 기기개요

외벽타진 조사로봇(월버그)은 육안으로만 확인할 수 있는 외벽의 균열 단면의 결손, 표층의 열화, 오염, 실링의 열화 등을 본체에 내장된 CCD 카메라로 확인할 수 있으며, VTR 수록도 가능하다. 또한 테스트해머에 의한 타진조사를 박리음을 실시간으로 지상에서 얻을 수 있다. 로봇의 주요 특징은 다음과 같다.

① 진단장치 본체의 무게가 30kg정도로 가볍고 설치조작이 용이하며 조사기의 조작도 특별한 기술을 필요로 하지 않는다.

② 발판을 가설할 필요가 없기 때문에 경비절감이 가능하다. 또, 고층 건물의 작업뿐만 아니라 지상에서도 조사를 할 수 있기 때문에 안전을 확보할 수 있다.

2. 검사순서

① 와이어를 상부에 매달아서 고정하고, 지상에서 로봇을 세팅한다.

② 지상의 컨트롤러를 로봇의 상승 · 하강 · 정지를 조작하여 자동 주행시키며 조사를 시작한다.

③ 가로 폭 0.5m의 범위를 내장된 플랙스해머로 벽면을 가볍게 가로로 스쳐서 발생한 찰과음을 해석한다.

④ 본체에 내장된 고감도 CCD 카메라를 통해 균열, 실링의 열화 등을 지상의 모니터를 보며 육안으로 확인한다.화상을 VTR로 기록하거나 기록지로 인쇄할 수도 있다.

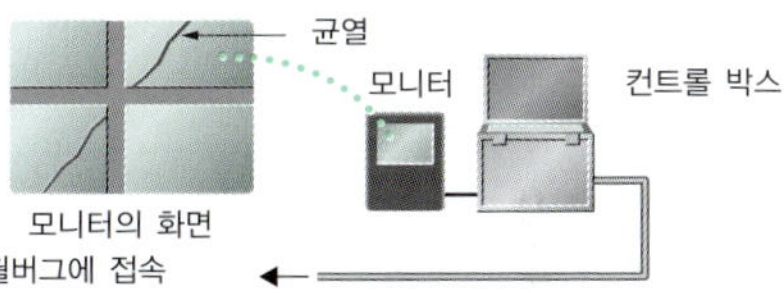

벽면의 열화상황 조사

유사기기

타진봉, 테스트해머

타일표면을 타진봉 머리부분으로 자동차 와이퍼처럼 좌우로 가볍게 움직이듯이 이동시켜 소리의 차이로 들뜸을 판정한다. 여러 업체에서 제조 · 판매되고 있다.

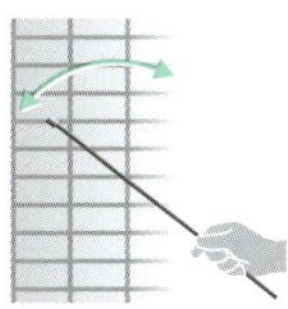

외장타일 박리 조사의 여러 방법

1. 1차 조사

조사를 위해 가시설물이나 측정기기를 사용하지 않고 1차진단인 기본적인 판정자료를 얻기 위해 실시하는 것으로, ①육안에 의한 열화의 정도, ②보수기록의 유무, ③시공된 타일붙임공법의 종류 등을 조사한다.

(1) 육안조사

외관상의 박리, 균열, 녹, 오염, 백화, 퇴색, 취약화, 유약변화, 줄눈의 균열, 변색 등을 육안으로 조사한다.
박리의 가능성이 높은 다음의 부위를 중점적으로 조사한다.
① 박락된 타일의 주위
② 균열부의 양측
③ 백화부위 및 그 상부
④ 녹 발생부위 및 그 상부
⑤ 개구부 주위, 특히 구석부분
⑥ 이질재(異質材)와 접하고 있는 부분
⑦ 돌출부분, 파라펫 상단 및 창대부분
⑧ 개구부가 큰 벽면
⑨ 콘크리트 타설 이음부 및 익스팬션 조인트 부분
⑩ 줄눈의 변색, 특히 강우에 의해 젖은 상태에서 달라진 부분 및 그 상부

(2) 박리보수 기록 유무조사

건물의 소유자, 관리자, 시공자가 기록 보유한 보수기록지를 참조하여 규명한다. 과거의 기록이 불명확한 경우에는 다음 사항을 추가조사한다.
① 수지 등의 주입공사나 Pinning공사의 유무 조사
② 타일 및 줄눈의 색조 등 주변부와의 비교 조사

(3) 시공된 타일붙임공법의 종류 조사

선붙임공법인가 후붙임공법인가에 대한 조사를 한다. 시공기록지 등에 의해서 규명하며, 불명확한 경우에는 부분적인 탈취 또는 코어(core) 발췌를 하거나 타일과 구조체 사이의 붙임 모르타르 유무에 의해 판단한다.

2. 2차 조사

2차진단의 판정자료를 얻기 위해서는 한 부분 타음조사를 실시한다.1차 진단에서 위험이 있다고 판단된 부위에 대하여 실시하되, 압착공법에 있어서는 이 조사를 생략하고 직접 3차 조사를 실시한다.

(1) 타일붙임공법의 조사

시공기록지 등을 참조하여 압착공법으로 되어 있는가를 조사한 후, 불명확한 경우에는 부분적인 탈취 또는 코어 발췌를 하여 조사하며, 여기서도 불명확한 경우에는 압착공법으로 간주하고 3차 조사를 실시한다.

(2) 부분타음 조사

주로 1차 조사에서 이상이 관찰된 부위의 주변을 테스트해머(Test Hammer)에 의한 타음법으로 조사한다. 지상, 창, 옥상 등의 손이 닿는 범위에는 사다리를 이용하며, 손이 닿지 않는 부위는 곤돌라 등을 이용한다.

3. 3차 조사

3차 진단의 판정자료를 얻기 위한 조사이다. 3차 진단에 필요한 자료에는 타일붙임공법의 종류, 보수기록, 전체적인 박리율, 신축줄눈의 유무, 박리 및 탈락 정도, 박리 계면, 지진의 강도산정 등이 있다. 박리 및 박리 정도에 대해서는 외벽면 전체에 대하여 조사할 필요가 있다. 조사방법은 타음법 조사가 주로 사용되고 있다. 그러나 이 방법은 조사자의 청각 및 숙련도에 따라 판정 정도에 차이가 있을 수 있으므로 수동식 타음법 조사보다 전자식, 초음파 타음검사기기를 이용하여 조사하는 것이 바람직하다.

(1) 타음조사법

사다리, 곤돌라 등을 이용하여 타진봉, 테스트해머 등으로 타일면을 타격하고, 발생한 음을 청각으로 판정하는 조사이다. 테스트해머는 가벼운 것이 좋으며, 타격음이 맑으면 양호한 상태이고 둔탁하면 박리가 생긴 것으로 판정한다. 박리계면이 붙임모르타르와 타일 사이인 경우는 작은 해머로, 구조체와 모르타르 사이인 경우는 큰 해머를 사용하는 것이 좋다. 박리 계면이 깊은 경우에는 판단의 정도가 상당히 높다.

(2) 타격조사법

초음파를 기계화한 타격법이다. 조사용 곤돌라에 타격자(打擊子)를 설치하고, 변속기를 써서 연속적으로 타일면을 타격하면서 이동시킨다. 이 때, 발생되는 음을 소음계로 측정하여 레벨코드에 기록하여 조사한다.

(3) 반발조사법

타일파괴 방지용 도구를 설치한 슈미트해머(콘크리트의 압축강도를 측정 하는 비파괴시험장치)를 사용하는 방법이다. 슈미트해머로 타일면에 일정 에너지의 타격을 주고, 그 타격에 의해서 생기는 반발 크기를 자동 기록한다. 이 때 생기는 반발도의 차이에 따라 판단하는 방법으로 타음법과 같은 조사결과가 얻어지지만, 조사대상 벽의 뒷면 상태나 주위의 구속상태가 다른 경우에는 오진할 수가 있다.

(4) 초음파조사법

초음파의 전도(傳導)속도, 반사, 감쇄 등을 비교하여 결함을 판정하는 방법으로, 다음과 같은 여러 방법이 있다.

① 반사법에 의한 브라운관 오실로 스코프 방식
② 진동법에 의한 아날로그 표시방식 : 레코더 기록
③ 전도시간 측정법에 의한 디지털 표시방식 : 프린터 기록
초음파에 의한 조사는 박리계면이 얕아도 조사 정도가 좋고, 석기질 타일보다는 자기질 타일에서 조사정밀도가 우수하다.

(5) 표면온도 측정법

타일 표면을 가열하면 박리된 부위와 양호한 부위와의 열전도 차이에 의해서 표면온도차가 생긴다. 이 표면 온도차를 이용해서 외벽 타일의 박리를 조사하는 방법으로 다음의 여러 방법이 있다.

① 접촉형 표면온도계를 타일 표면에 대어 이동시키면서 측정수치를 프린터에 기록한다.
② 적외선 방사 온도계를 벽면에 대하여 일정 속도로 이동시키면서 측정수치를 레코더에 기록한다.
③ 적외선 방사 온도 영상장치를 벽면에 대하여 측정하고, 벽면의 온도를 TV에 영상으로서 표시한다. 기록은 VTR 또는 사진으로 한다. 표면온도 측정법은 박리계면이 얕아도 조사 정도가 좋고, 자기질 타일보다는 석기질 타일에서 조사 정도가 좋다. 조사에 필요한 가열은 태양열을 이용하는 것이 가장 좋으나, 태양열 이용이 불가능한 경우에는 무인곤돌라에 가열기를 설치하여 벽면을 가열할 필요가 있다.

(6) 기타의 조사방법

그 밖의 방법으로는 AE(Acostic Emission)법, 홀로그래피법, 전기저항법 등이 있으며, 실제에 있어서는 미리 조사 실험을 실시하여 그 적용성을 충분히 확인한 후에 사용하도록 한다.

4. 4차 조사

4차 조사는 박락원인의 추정 및 박락대책을 선택하기 위한 필요한 자료를 얻기 위한 조사이다. 위에서와 같이 1~3차 조사가 비파괴시험인데 비해, 4차 조사는 필요에 따라 부분 파괴조사도 포함해서 실시한다.

(1) 주입시험

박락되었다고 진단된 벽면에 에폭시수지, 폴리머시멘트 등을 주입해서 주입 범위 및 두께 등을 조사한다.

(2) 코어 채취

콘크리트 구조체 깊이까지의 코어를 발췌하여 접착상태나 바탕의 열화상태 등을 조사한다.

(3) 인장법에 의한 부분조사

이 방법은 접착력 시험기로 타일을 떼어내는 것으로 방법은 타일의 접착강도 시험과 동일하다. 인장법에 의한 조사는 조사한 부위가 파단되므로 조사 수를 많이 할 수는 없으므로 대표적인 시험체를 선출해서 실시한다.

(4) 절취(切取)조사

타일 및 모르타르를 절취해서 은폐부분의 접착상태나 열화상태를 조사한다.

(5)설계도서류의 조사

설계도, 구조계산서, 지반조사 보고서, 특기시방서 및 계약시의 표준시방서 등의 설계도서를 수집하여 조사한다.

(6) 시공기록지 조사

박리의 원인으로는 종류별 요인이 있으므로 다음에 따라 시공 기록을 조사한다.

① 타일재료, 시공방법의 기록 : 타일의 제조방법, 소지의 질, 뒷면의 형태 등과 붙임공법의 기록을 조사한다. 또, 붙임모르타르의 재료, 혼화제, 바름두께, 오픈-타임 등의 기록도 조사한다. 줄눈에 있어서는 치수, 종류, 재료 및 줄눈의 처리방법, 개구부나 파라펫 주변의 처리방법 등에 대한 기록을 조사한다.

② 바탕의 기록 : 바탕의 재료, 조합, 시공법, 거푸집 등의 기록을 조사한다.

③ 구조 · 외력 등의 기록 : 설계 하중과 실제 하중, 부동침하, 지진 및 진동 등의 기록을 조사한다.

④ 시공시기의 기록 : 바탕 콘크리트의 타설시기, 바탕모르타르의 바름 시공시기, 타일붙임의 시공시기 등에 대한 기록을 조사한다.

(7) 환경조사

박리의 원인이 된다고 생각되는 환경조사 및 박락에 의한 위험성에 관한 환경조사를 한다.

① 박리의 원인이 된다고 생각되는 환경조사 : 동결융해, 온도응력, 화재, 약

품, 온천 및 해안에서의 거리 등의 환경조사를 한다.

② 박락에 의한 위험성 조사 : 대상 벽면의 수직부의 하부와 주변의 기물, 차량 및 행인의 통행량, 식재현황 등을 조사한다. 또, 각종 환경에 관한 법적 규제 및 공원, 공적 기관, 관광적 성질의 시설 등에 대해 조사한다.

(8) 보수 기록지 조사

과거에 보수를 실시한 바가 있는 경우에는 박리조사, 보수방법, 보수 재료명, 메이커의 명칭, 주입량, 하청업자의 명칭, 보수효과의 확인방법 및 판정치 등의 기록을 조사한다.

5. 보수효과의 확인조사

보수효과의 확인 조사는 보수시험시, 보수 중 및 보수 후에 실시하는 것으로 다음과 같다.

(1) 보수 시험시의 조사

보수시험을 한 부위에 대해서 비파괴조사를 하고 주입재의 주입범위, 주입두께, 접착제 등에 대해 조사한다.

(2) 보수 중의 조사

주입재를 주입하고 있는 동안에는 일반적으로 테스트해머에 의한 타음법으로 조사한다. 주입 후 발열을 수반하는 열경화성수지 접착제 등을 사용하는 경우는 표면온도 측정법에 따라 조사하는 경우도 있다.

(3) 보수 후의 조사

보수 후의 벽면 전체에 대한 조사는 비파괴조사 방법으로 한다.

❖ 자체품질검사 포인트

☞ 인접한 건물과의 간격이 좁고 곤돌라에 의한 타진이나 적외선에 의한 조사가 어려운 곳에서 조사할 때 효과적이다.

☞ 직접 접촉하는 조사가 아니기 때문에 건물전체의 종합 진단 "필요성 유무"를 확인하는 예비조사로 이용하는 것이 좋다.

☞ CCD 카메라에 의한 근접육안조사로 균열, 오염, 실링재의 열화를 조사함과 동시에 테스트 해머에 의한 조사가 동시에 가능하다.

MEMO

9 실링 경도

기기 30 고무 · 플라스틱 경도계

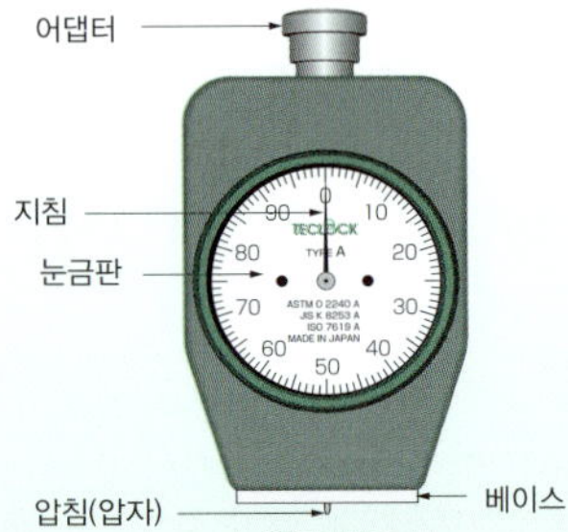

듀로미터

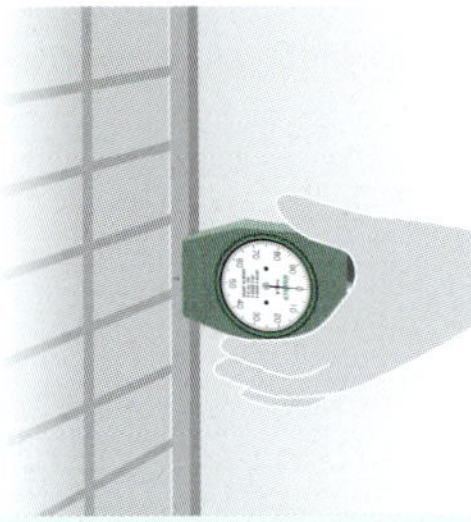

측정상황

현장상황

실링재의 경도를 확인하여 열화상태를 파악하고 싶다!

준공한 지 9년 된 RC조 7층짜리 집합주택으로 대규모 수선공사를 전제로 한 건물진단을 하기로 되어 있다. 해당 건물의 외벽은 모두 타일 붙임으로 마감되어 있으며, 준공 직후부터 현재에 이르기까지 외벽의 실링 끊김으로 인해 발생한 누수 클래임이 한 건 있었던 것으로 보고되어 외벽 조사부터 시작하기로 했다.

측정 목적

해당 건물의 실링재 보증기간은 이미 지났지만, 실링재는 건물의 거동 등에 의해 방수기능을 발휘하는 것이므로 실링재의 고장은 건물 내의 누수뿐만 아니라, 구조체에도 영향을 주는 중대한 것이다.

지금까지 해당 건물에서는 누수사고가 거의 없었지만, 개구부(창 주위 등)와 이어치기 줄눈 등의 실링재가 방수기능을 가지고 있는지 확인함으로써 수선계획을 구체적으로 진행하기 위한 판단자료를 얻기 위해 실링재의 경도를 조사하기로 했다.

측정기 제원

제품명	듀로미터 / GS시리즈(A, D, E 타입)		
제조업체	Teck Lock(일본)		
타입	A	D	E
용도	일반고무 (중간경도용)	경질고무 (고경도용)	연질고무 (저경도용)
기준규격	JIS K 6253(일본)		
스프링 하중치 0~100도	550-8050Mn (56.1-821.1gf)	0-44450Mn (0-4533gf)	550-8050Mn (56.1-821.1gf)
압침형식(mm)	선단직경 0.79	선단 Ro.1	반구 2.50
	35° 원추대형	30° 원추형	반구형
압침높이	2.50mm	2.50mm	2.50mm
중량	180g	180g	180g

취급요령

1. 기기개요

스프링의 힘을 이용하는 것으로 아래 그림과 같이 스프링의 힘과 시험편의 탄성에 의한 힘의 균형이 잡히면 정지하여 이때의 압침이동량을 그 시험편의 경도로 보고 다이얼 지침으로 값을 읽는다. 눈금 범위는 모든 타입이 0~100이며, 얻을 수 있는 경도 측정에 단위는 없다.

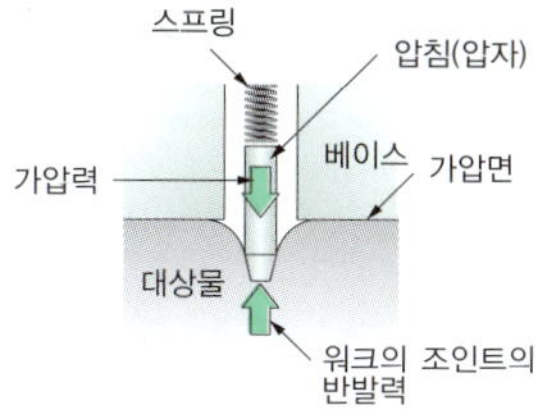

경도 측정원리

2. 검사순서

① 측정대상의 경도에 맞는 계측기기 타입을 선정한다.

② 선정위치는 측정대상 끝으로부터 12mm 이상 안쪽으로 하며 간격은 6mm 이상 떨어진 위치로 하고 일정속도로 수직으로 계측기기를 눌러 수치를 읽는다. 또한 측정대상의 두께는 6mm 이상이며, E타입을 사용할 경우에는 10mm이상 필요하다.

③ 측정한 5개소의 중앙치 또는 평균치를 경도치로 한다.

④ 측정결과를 기록한다. 예를 들어 A타입 기기를 사용하여 측정한 수치가 30도로 나왔으면 A30으로 기록한다.

경도시험의 개요(JIS K 6253-1997에서 발췌)

측정원리	경도측정 범위	시험기의 종류	시험 방법	표준 경도의 시험조건		
				형상	두께 (mm)	시험단으로 부터의 최소거리(mm)
스프링식 (듀로미터 경도)	고경도용 (A90 이상)	D타입 듀로미터		상하면이 편평한 평면이고 평행일 것	6.0 이상	12.0
	중간경도용 (A10~90)	A타입 듀로미터			6.0 이상	12.0
	저경도용 (A20 이하)	E타입 듀로미터			10.0 이상	12.0

유사기기

듀로미터 / ESE형 (JIS K 6253, 타입 E)

다이얼 표시면이 30° 상향으로 경사져 있어 정면에서 지침의 위치를 읽기가 쉬우며, 정확한 측정이 가능하다. 그림에서와 같이 압침 모양이 반구형으로 되어있다.(제조업체 : 엘라스톤社/일본)

❖ 자체품질검사 포인트

☞ 측정기가 눈금범위(0~100)의 중심인 50포인트 가까이에 오도록 경도에 맞는 계측기기 타입(A, D, E)을 선택해야 보다 정확한 수치를 얻을 수 있다.

☞ 실링재는 비교적 얇기 때문에 재료 자체의 정대적인 경도라고 할 수는 없지만 재료 경도의 상대적인 변화를 아는 것이 목적이라면 측정위치의 두께도 계측한 후에 경도측정을 하는 것이 좋다. (제7장 방수공사의 4항 실링두께를 참조할 것(기기 16))

10 지반 다짐바닥의 침하 조사

기기 31 파이버 스코프(Fiber Scope : 내시경)

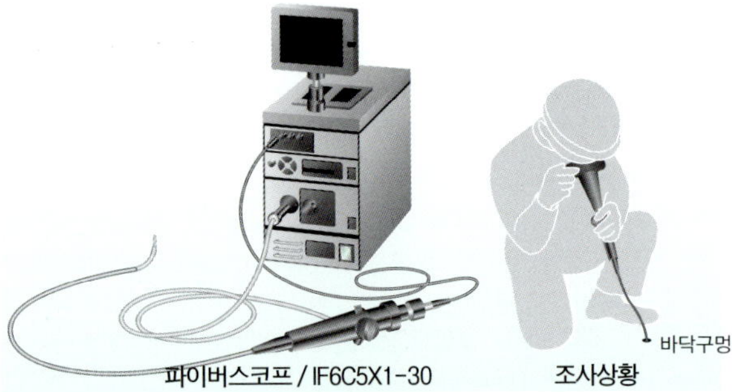

파이버스코프 / IF6C5X1-30 조사상황

현장상황

지반 다짐바닥 아래의 공극 상태를 확인하고 싶다!

바닥 면적이 3,000㎡인 S조 1층짜리 창고로 1년차 검사시 건물 서쪽 3스팬 부분의 바닥 다짐한 지반이 침하된 것으로 확인되었다. 침하된 범위에 쌓여있는 상품은 다른 범위에 놓여진 상품과 같은 종류의 것으로 특별히 무겁지는 않았다. 한편 해당 부지는 공업단지의 한 구획으로 부지의 서쪽 반이 성토, 동쪽 반이 절토로 조성되어 있었다.

측정 목적

부지조성의 경위를 보면 건물 서쪽범위는 매립토였으며, 다짐바닥 시공시 전압도 불충분했기 때문에 매복토의 압밀 침하에 의해 지반의 다짐바닥이 침하된 것으로 추정된다. 보수방침은 다짐바닥 콘크리트를 해체하지 않고 원래의 바닥 레벨로 올리기로 했는데, 바닥 아래의 공극 유무를 포함한 침하상태를 파악하기 위하여 다짐바닥 아래에 파이버 스코프를 삽입하여 조사하기로 했다.

측정기 제원

제품명	공업용 파이버스코프 / IF6C5×1-30
제조업체	올림프스(일본)
시야방향	직시(측시 교환가능)
시야각	광학 어댑터에 의해 30˚, 60˚, 100˚ 교환이 가능
조명방식	라이트가이드
만곡방향	4방향(상 120˚, 하 120˚, 좌 100˚, 우 100˚)
삽입부	방수, 최대 바깥지름 ϕ6mm
조작부	방적 (물외의 액체는 피한다)
최소 곡률반경	R30mm
사용온도	−10~80℃(공기중), 10~30℃(수중)
화상전송	글라스파이버
유효길이(전체길이)	3.0m(3.25m)

취급요령

1. 기기개요

파이버 스코프는 수천 개에서 수만 개의 광파이버를 묶은 이미지 가이드를 통해 직접 볼 수 있는 연성 내시경으로 유연성, 범용성, 휴대성이 우수하며 모니터 관찰과 비디오 촬영도 가능하다. 주요 특징은 다음과 같다.

① ϕ6.0mm의 가늘게 생긴것으로 지름이며 4방향으로 구부러지고 구부러짐(엘보)등이 있는 파이프에도 스코프를 간단하게 삽입할 수 있다.

② 삽입성이 뛰어난 TF(테이퍼드 플랙스) 주름관을 사용해 ϕ15~25mm인 작은 지름의 파이프 구부러짐을 5곳까지 통과할 수 있다.

③ 어댑터를 접속하면 선명한 사진촬영과 디지털 카메라 촬영, TV모니터 관찰이 가능하다.

2. 검사순서

① 조사할 곳을 임의로 선정한다.

② 드릴 등으로 적절한 지름의 구멍을 뚫고 삽입한다.

③ 시찰 · 기록하여 조사결과를 바탕으로 보수방법을 검토한다.

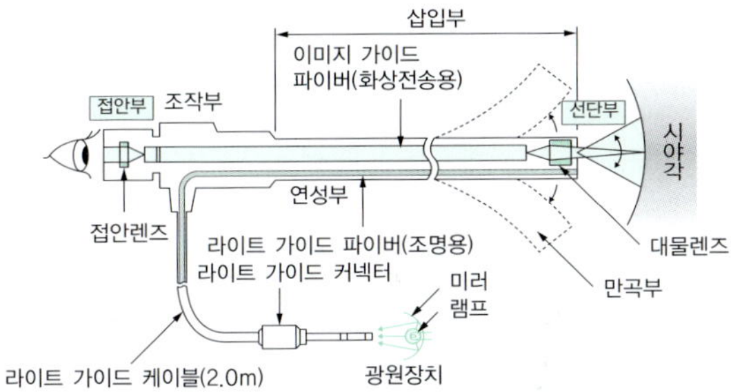

파이버스코프의 구조

유사기기

건연식 콘크리트 체커 / TN 110

외장재의 보수 · 개수를 위한 검사에 적합하다. 착공된 구멍(ϕ9mm정도)의 벽두께 방향 내부를 관찰하는 눈금이 부착되어 있는 내시경이다.
(업체 : 케트과학연구소/일본)

❖ 자체품질검사 포인트

☞ 바닥 아래나 천장 속처럼 가이드도 없고 안쪽 길이가 넓은 곳을 조사할 때에는 광량의 부족으로 인해 조사위치가 불분명해지기 쉬우므로 주의할 것.

☞ 사용목적 이외의 장소나 물건, 인체 등에는 사용하지 말 것.

☞ 그 이외 파이버 스코프의 효과적인 사용 예로서는 빗물 배수관 내의 녹이나 오염조사, 벽 복도와 외벽 구체 사이의 틈새공간에 대한 누수조사, 매설 배관류의 내부손상조사 등을 들 수 있다.

11장 기타 검사기기

가설공사 각종 장력의 확인

기기 32 하중계 (荷重計)

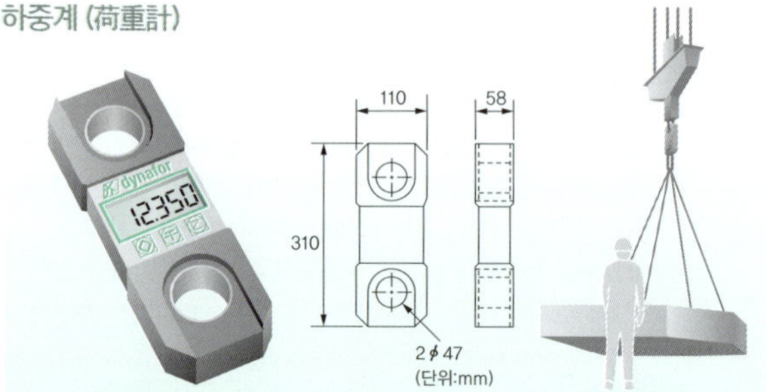

텐션미터 다이나 폴 형상 치수 사용상황

제품명 텐션미터 다이나폴 / 12.5T

업체 틸코퍼레이션(일본)

기기개요 ① 콘크리트 블록의 하중을 확인하고 싶다!
② 외벽 커튼월의 하중을 확인하고 싶다!
③ 옥상으로 올릴 장비의 하중을 확인하고 싶다!
본 기기의 최대능력은 12.5t. 와이어로프의 장력측정과 제품 · 원재료의 자중을 측정. 크래인 등의 안전관리 등에 활용할 수 있다.

가설공사 풍속 확인

기기 33 풍속계(風速計)

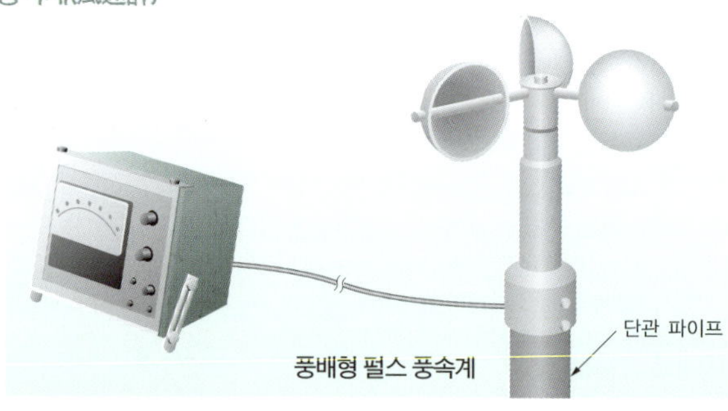

풍배형 펄스 풍속계

제품명 풍배형 펄스 풍속계 / 23 SP

업체 대전계기 제작소 (일본)

기기개요 철골세우기, 현장 용접 관리를 위한 풍속을 확인 하고 싶다!
본 기기(일본 기상청형식증명 제92005호)는 측정범위가 0.5~60m/s인 지시 풍속계. 미풍부터 강풍까지 관측할 수 있으며 경보기가 부착되어 있다.

가설공사 용접부의 표면 탐상(컬러체크)

기기 34 침투탐상제(침투액 : 현상제)

염색침투 탐상제 작업순서

제품명 염색침투 탐상제

업체 타셋트(일본)

기기개요 타워 크레인 받침의 철골 용접부를 검사하고 싶다!

구조물의 용접부와 배관의 탐상, 콘크리트의 탐상 등 모세관 현상을 이용해 미세한 결함을 검출하는 염색침투 탐상제이다.

토공사 수질 pH시험(수질계)

기기 35 포터블 수질 pH계

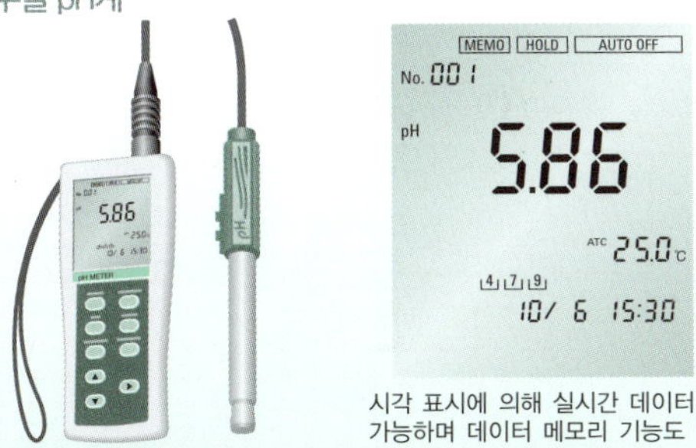

시각 표시에 의해 실시간 데이터 관찰이 가능하며 데이터 메모리 기능도 있다

포터블 PH계 화면표시

제품명 포터블 pH계 / HM-20P

업체 동아 DKK(일본)

기기개요 건설현장에서 배출되는 수질의 pH를 관리하고 싶다!

본 기기는 방수구조(일본JIS C 0920 · 방침형에 근거)로 되어있어 우천시에도 사용이 가능하다. 측정방식은 유리전극법, 측정범위는 pH 0.00~14.00이다.

기타 검사기기

철골공사 강재 종류별 조사

기기 36 비파괴 강재 측정장치

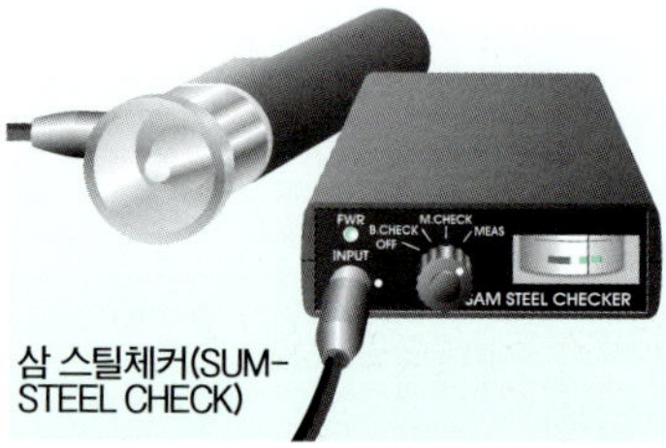

삼 스틸체커(SUM-STEEL CHECK)

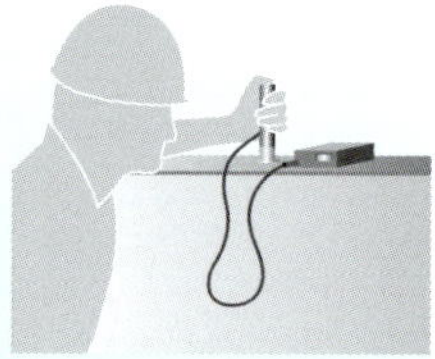
측정상황

제품명 삼 스틸 체커(SUM-STEEL CHECK) / M-100형

업체 입화 엘레텍(Ele-Teck) 일본

기기개요 납입된 강재가 SM490인지를 확인하고 싶다!

본 기기는 일본건축센터 검사기기 성능평가위원회 · 평가기기이다.
SM490과 SS400을 구분하는 장치로 측정시간은 약 5초 정도 걸린다.

설비공사 각종 표면온도 조사

기기 37 적외선 방사온도계

핸디 타입 방사온도계

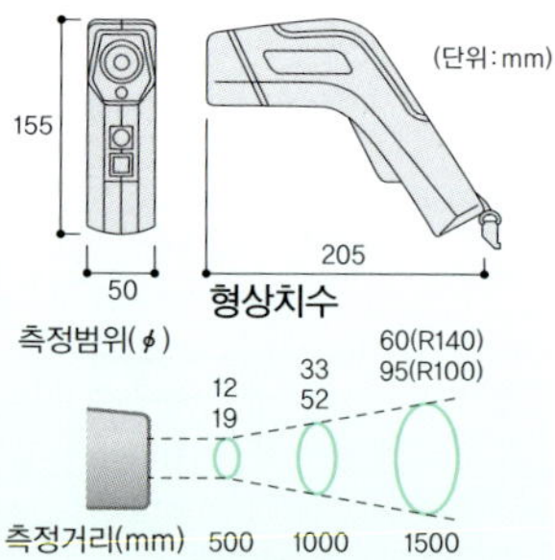

형상치수

측정범위 · 거리

제품명 핸디타입 방사온도계

업체 안립계기(安立計器)/일본

기기개요 바닥 난방의 온도분포를 측정하고 싶다!

본 기기는 제품 발열시험, 건조 · 냉동온도, 각종 설비온도, 바닥 난방의 온도 분포를 측정, 습도계를 병용한 결로 판정에 이용할 수 있다

설비공사 기밀성 · 기류의 검사

기기 38 스모크 시험

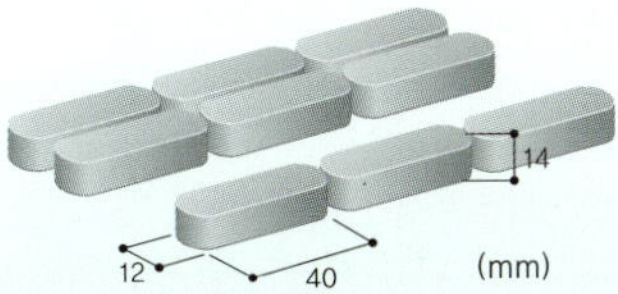

누연시험용 발연편

시험상황

제품명 누연시험용 발연편

업체 소화금속공업(昭和金屬工業)/일본

기기개요 대회의실에 설치된 공조기의 공기 흐름을 확인하고 싶다!

본 기기는 발연물질을 사용한 스모크 시험에 사용한다. 건축물의 틈새조사, 배관 등의 기밀검사, 기류검사, 연기 감지기시험 등에 사용한다.

준공전검사 은폐부분의 검사

기기 39 점검용 신축 미러

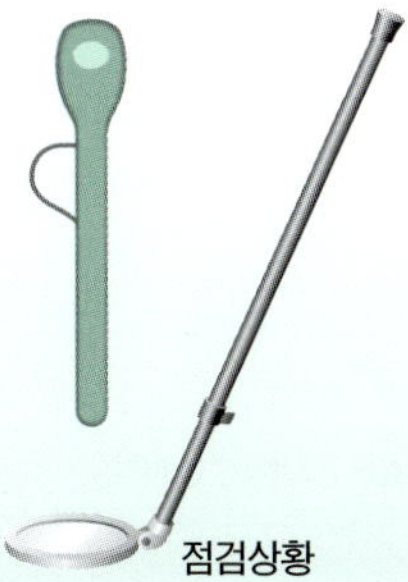
점검상황

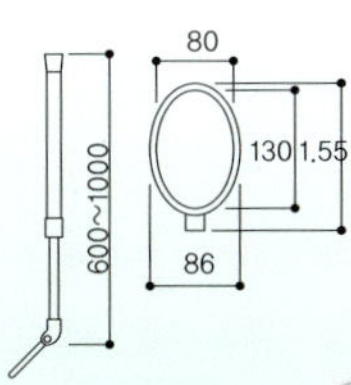

형상치수

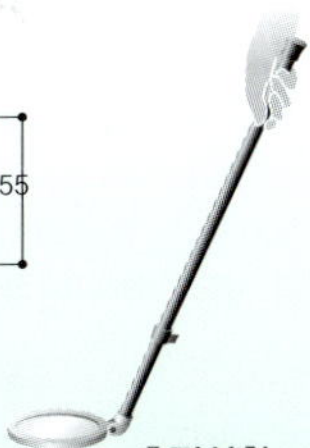
측정상황

제품명 점검용 밀러 / I형

업체 SANGYO(散光) · TRADING(일본)

기기개요 준공검사 전에 육안검사가 불가능한 부분의 상태를 확인하고 싶다!

본 기기는 건물의 준공검사 등에서 천장 속이나 바닥 아래부분 파이프 공간, 맨홀 등의 은폐된 부분의 불량 확인용으로 사용된다.

12장 부 록

1 특정 건설작업의 소음과 진동

특정 건설작업에 의해 발생하는 소음 · 진동에 관한 규제기준*1 (발췌: 일본)

규제 종별	구역구분	규제기준	
		소음규제법	진동규제법
기준치*2	1호 · 2호	85데시벨(dB)	75데시벨(dB)
작업시간	1호	오후7시~오전7시의 시간대가 아닐 것	
	2호	오후10시~오전6시의 시간대가 아닐 것	
1일당 작업시간	1호	10시간/일을 넘지 않을 것	
	2호	14시간/일을 넘지 않을 것	
작업일수	1호 · 2호	연속 6일을 넘지 않을 것	
작업일	1호 · 2호	일요일 기타 휴일이 아닐 것	

[1호구역]

제1종 저층주거전용지역, 제2종 저층주거전용지역, 제1종 중고층주거전용지역, 제2종 중고층주거전용지역, 제1종 주거지역, 제2종 주거지역, 준주거지역, 근린상업지역, 상업지역, 준공업지역, 용도지역으로 정해져 있지 않은 지역, 공업지역 중 학교, 병원 등의 주위 약80m 이내의 지역.

[2호구역]

공업지역 중 학교, 병원 등의 주위 약80m 이내의 지역.

※1) 위의 표는 일본 후생성 · 건설성 고시 제1호(1968년11월27일)및 진동규제법시행규칙 별표 제1에 준한것임.
2)기준치는 특정 건설작업을 하는 부지의 경계선에서의 수치임.

소음 · 진동 규제법 주요내용(# 발췌 : 한국)

[규칙] : (#별표 1)

1) 둘 이상 지역에 걸치는 특정 공사의 신고방법

- 특정공사가 둘 이상의 시 · 군 · 구에 걸치는 경우 "면적이"이 가장 많이 포함된 지역의 기관장에게 신고한다.

[규칙] : (#별표 8)

1) 생활소음 · 진동규제 기준 낮시간 조정

- 오전 08:00~18:00 오전07:00~18:00

[규칙] : (#별표 21)

1) 행정처분 기준 명문화

- 소음과 진동규제 위반시 합산하지 아니하고 각각 산정 등.

소음 · 진동 이행 업무[# 별표1(발췌) : 한국]

분야	구분	기간	제출처	사유 및 내용	관련양식
		공사개시 3일전	시 · 군 · 구청	건설 소음진동규제 지역내에서 특정 공사시행 현장(아래)	특정공사 사전 신고서 [별지18호 서식]
		1. 항타기 · 항발기 또는 항타항발기(압입식 항타항발기 제외) 2. 공기압축기(공기 토출량이 분당 2.83m^2 이상의 이동식) 3. 건축물 파괴용 강구. 4. 브레이커(휴대용 제외) 5. 병타기. 6. 착암기. 7. 발전기.8. 굴삭기. 9. 로더. 10.압쇄기			

특정공사 사전신고 (소음 진동)	신고	▶ 상위의 기계 · 장비를 2일간 이상 사용하는 공사로써 다음 각호 1에 해당하는 공사 1. 연면적 1,000m^2 이상 건축물의 건축공사. 2. 연면적 3,000m^2 이상건축물의 해체공사 3. 구조물 용적 합계 1,000m^3 이상 또는 면적합계 1,000m^3 이상인 토목건설공사 4. 면적합계 1,000m^2 이상의 토공사 · 정지공사 5. 총연장 200m 이상 또는 굴착토사량 의 합계 200m^3 이상인 굴정공사 6. 의료법에 의한 종합병원의 부지경계선으로부터 직선거리 50m 이내의 지역 7. 도서관 및 독서진흥법에 의한 공공 도서관의 부지경계선으로부터 직선거리 50m 이내인 지역 8. 학교의 부지경계선으로부터 직선거리 50m 이내의 지역 9. 주택건설촉진법에 의한 공동주택의 부지경계선으로부터 직선거리 50m 이내의 지역 10. 국토이용관리법시행령 규정에 의한 취락지구
		▶ 신고 면제
		1. 저소음 · 저진동을 발생하는 기계 · 장비라고 하여 환경부장관이 인정하는 기계 · 장비를 사용하는 공사 2. 산업단지/ 전용공업지역/ 수출자유지역 내의 공사 3. 공사장 부지경계선으로부터 직선거리 300m이내에 주택 · 운동 · 휴양시설 등이 있는 경우

소음 · 진동관리[# 별표8(발췌) : 한국]

1. 생활소음 · 진동의 규제지역			
1) 산업입지 및 개발에 관한 법률 규정에 의한 산업단지 2) 도시계획법시행령 규정에 의한 전용공업지역 3) 수출자유지역 설치령 규정에 의한 공장 · 사업장 또는 공사장의 부지경계선으로부터 직선거리 300m 이내에 주택, 운동 · 휴양시설이 없는 지역.			
2. 생활소음 · 진동의 규제대상			
1) 확성기에 의한 소음(옥내 설치 확성기의 소음이 옥외로 나오는 경우를 포함하며, 공공의 목적으로 사용하는 경우는 제외) 2) 배출시설이 설치되지 아니한 공장에서 발생하는 소음 · **진동** 3) 생활소음 · 진동 규제지역(가항)외의 공사장에서 발생하는 소음 · **진동** 4) 공장 · 공사장을 제외한 사업장에서 발생하는 소음 · **진동**			
3. 생활소음 규제기준(단위: dB)			
시간별 상대지역	**주간(06:00~22:00)**	**심야(22:00~6:00)**	**비고**
주거지역, 녹지지역, 준도시지역 중 취락지구 및 운동 · 휴양지구, 자연환경보전지역, 기타지역 안에 소재한 학교 · **병원** · 공공도서관	65 이하	60 이하	
기타지역	70 이하	65 이하	

4. 폭약사용으로 인한 소음 · 진동 관리기준
공사장 등에서 사용하는 폭약으로 인하여 발생되는 소음 및 진동이 주변에 피해를 주는 것이 예상될 경우 다음과 같은 조치를 취해야 한다.
1) 소음진동 발생예상(발파, 굴착, 운반, 원동기, 항타, 볼트조임, 파쇄 경우 장비사용시) 2) 자가 측정업체에 통보 3) 측정 및 결과관리 4) 대책수립 – 사전주민에 통보 – 방음 · **반진시설의** 설치 – 폭약사용 · **사용시간** · 사용횟수의 제한 – 발파공법의 개선
5. 건설소음 · 진동방지대책 선정 및 적용
1) 건설 소음방지대책 수립 Procedure 2) 건설진동의 방진대책(국토해양부의 건설진동방지대책[첨부1]을 참조할 것)

2 가스 압접부의 합격여부 판정기준

외관검사의 합격여부 판정기준

외관검사 항목	합격여부 판정	
	수동 · 자동 가스압접법	열간압연 가스압접법
압접부의 부풀음 직경(D)	D≧1.4d (SD490은 D≧1.5d)	—
압접부의 부풀음 길이(l)	1≧1.1d (SD490은 D≧1.2d)	1≧1.1d (SD490은 D≧1.2d)
압접면의 어긋남(δ)	δ≦d/4	—
압접부에서 철근중심축의편심량(e)	e≦d/5	e≦d/5
절곡(θ)	θ<3.5°	—
압연부의 표면	—	갈라짐, 패임, 표면이 고르지 못한 곳이 있어서는 안된다.
기타 유해하다고 판정되는 결함	심하게 갈라짐, 패임(4mm이하), 처짐(6mm이하)	구체적인 기재는 없다.

불량 압접부는 상황에 따라 다음과 같이 보수한다.

① 부풀음의 직경 · 길이 부족 : 가압 수정.(단, 1회에 한함)

② 심한 구부러짐: 재가열 수정

③ 압접면의 어긋남, 편심, 변형, 결함, 형상불량, 갈라짐 : 잘라내고 재압출한다

3 아연도금의 종류와 두께

아연의 피복방법과 피막두께의 관계

방법	소재	도금두께(1μ≒7.2g/㎡)
용융아연도금	구조물	75~125μm
	볼트 · 너트	45~70μm
	설치철물	35~75μm
	관	75~100μm
	선	12~35μm
	아연철판	8~20μm
전기아연도금	일반 제품	5~25μm
	철판	2~8μm
아연용사	일반	75~125μm
아연미도료(1코트)	일반	10~35μm

전기도금의 등급 및 기호(JIS 8610)

등급	도금의 최소 두께	기호
1급	2μm	Ep-Fe / Zn 2 또는 Ep-FE / ZN[1]
2급	5μm	Ep-Fe / Zn 5 또는 Ep-FE / ZN[2]
3급	8μm	Ep-Fe / Zn 8 또는 Ep-FE / ZN[3]
4급	12μm	Ep-Fe / Zn 12 또는 Ep-FE / ZN[4]
5급	20μm	Ep-Fe / Zn 20 또는 Ep-FE / ZN[5]
6급	25μm	Ep-Fe / Zn 25 또는 Ep-FE / ZN[6]

용융도금의 품질(JIS H 9641)

종류	기호	부착량 (g/㎡)	황산동 시험횟수	적용의 예
1종	HDZ A	--	4회	두께 5mm 이하의 강재 · 강제품, 강관류, 지름 12mm 이상의 볼트 · 너트 및 두께 2.3mm를 넘는 와셔
	HDZ B	--	5회	두께 5mm 이하의 강재 · 강제품, 강관류 및 주철 제품
2종	HDZ 35	350 이상	--	두께 1mm 이상, 2mm 이하의 강재 · 강제품, 지름 12mm 이상의 볼트 · 너트 및 두께 2.3mm를 넘는 와셔
	HDZ 40	400 이상	--	두께 2mm를 넘고, 3mm 이하인 강재 · 강제품 및 주철제품
	HDZ 45	450 이상	--	두께 3mm를 넘고, 5mm 이하인 강재 · 강제품 및 주철제품
	HDZ 50	500 이상	--	두께 5mm를 넘는 강재 · 강제품 및 주철제품
	HDZ 55	550 이상	--	과도한 부식 환경에서 사용되는 강재 · 강재품 및 주철제품

주 1) HDZ 55도금을 요구하는 것은 바탕두께가3.2mm 이상인 것이 바람직하다. 3.2mm 미만인 경우에는 미리 당사자 간에 협의할 것

2) 표 중에서 적용예 란에 나타낸 두께 및 지름은 호칭치수에 의한다.

3) 과도한 부식환경이란 해염입자농도가 높은 해안가나 융설제가 뿌려지는 지역을 말한다.

4 주거 생활에 해가되는 지정 화학물질

화학물질의 실내오염 지침수치

화학물질		지침치*)	주요용도
1등급 환경에서 정하는 농도 지침치	① 포름알데히드	0.08ppm (0.01ppm)	· 합판, 파티클보드, 벽지접착제 등에 사용되는 유리아계, 멜라민계, 페놀계 등의 합상수지, 접착제 · 일부 수영장 등의 방부제
	② 아세트알데히드	0.03ppm	· 포름알데히드와 같은 일부 접착제, 방부제 등
	③ 톨루엔	0.07ppm	· 내장재 등의 시공용 접착제, 도료 등
	④ 키실렌	0.20ppm	· 내장재 등의 시공용 접착제, 도료 등
	⑤ 에틸벤젠	0.88ppm	· 내장재 등의 시공용 접착제, 도료 등
	⑥ 스티렌	0.05ppm	· 폴리스티렌 수지 등을 사용한 단열재
	⑦ 파라디클로로벤젠	0.04ppm	· 의류의 방충제, 화장실의 방향제
	⑧ 테트라데칸	0.04ppm	· 등유, 도료 등의 용제
	⑨ 클로르피리호스	0.07ppb (소아의 경우 0.007ppb)	개미 퇴치제
	⑩ 페놀계 살충제	3.8ppb	개미 퇴치제
	⑪ 다이아지논	0.02ppb	살충제
	⑫ 프탈산 J-n-부탈	0.02ppm	도료, 접착제 등의 가소제
	⑬ 브탈산 J-2-에틸 핵실	7.6ppb	벽지, 바닥재 등의 가소제

주 1) ①번과 ⑨번은 건축기준법의 규제 대상물질, ①~⑥번은 주택성능표시에서 농도를 측정할 수 있는 6가지 물질.
2) *참고: 25℃일때 ppm은 100만분의 1의 농도, ppb는 10억분의 1의 농도.

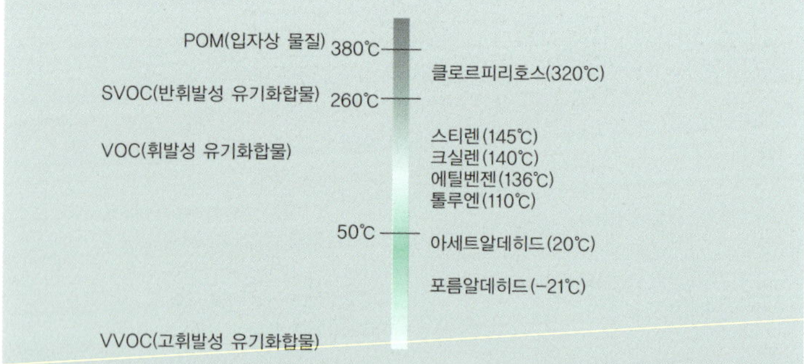

건축자재나 도료 등에서 주택의 실내에 방사되는 화학물질을 "휘발성 유기화합물"이라 한다. 통틀어서 VOC(Volatile Organic Compounds)라고 총칭되는 경우도 있다. WHO(세계보건기구)에서는 휘발성 유기화합물을 휘발성의 높이(비점)에 따라 몇 가지로 분류하고 있다.

휘발성 유기화합물의 비점과 분류

5 불량시공 방지 관리항목

주) 기기번호 뒤의 (*)표시는 유사기기를 나타냄

1) 외벽의 균열

불량시공 방지 점검항목	합격 여부	참조기기 No
줄눈의 위치, 줄눈 모양, 크기, 깊이를 정했는가?		
구체줄눈과 타일줄눈은 일치시켰는가?		
콘크리트 한쪽지지 슬래브의 유발줄눈을 계획하였는가?		
줄눈 위치에 비계이음이 없는지 확인하였는가?		
벽근비는 0.4%(가로세로)이상 있는가?		23, (*23)
벽근은 더블배근 인가? 가로세로 200mm이하 인가?		23, (*23)
스팬이 5스팬, 건물길이가 30m이상인 건물의 양쪽벽에 균열방지 보강근이 들어있는가?		23, (*23)
벽의 개구부 주위에 경사보강근이 들어 있는가?		23, (*23)
벽의 개구부 주위에 유발줄눈이 있는 경우 균열 방지근이 들어있는가?		23, (*23)
외벽부분에 수평 · 수직으로 균열 유발줄눈을 설치하였는가? 또한 단면결손율은 20% 이상인가?		
파라팻의 줄눈계획 및 시공계획은 적절한가?		
파라팻 치올림은 코너로부터 600mm이내에 천단 줄눈이 들어있는가?		
유발 줄눈의 실링 접착형식은 3면 접착인가?		
도장을 하지 않은 외장 실링은 폴리설파이드계 또는 변성실리콘계인가?		
외관에 배관을 타입시키지는 않았는가?		23, (*23)
슬리브 · 상자의 정확도는 양호한가? (수평 · 수직 · 상하의 통로가 제대로 되어 있는가? 구배가 잡혀 있는가?)		
레미콘의 운반시간은 적절한가?(외기온 T≧25℃ : 90(120)분 이내 / 외기온T〈25℃ : 120분이내) * ( )내는 고강도 콘크리트를 나타 냄.		
이어치기 시간 간격(재진동 가능시간)은 적절한가? (외기온T〉25℃ : 120분 이내/ 외기온T〈25℃ : 150분 이내)		

세골재의 염화 함유량은 0.04%이하인가? 칸타브시험방법에 의한 장기 절건중량으로 계산할 때는 0.02% 이하로 한다.		8, (*8)
콘크리트 내의 염화물함유량은 염화물이온량(Cl^-)으로 0.3kg /m^3 이하인가?		8, (*8)
콘크리트의 단위 수량은 185kg/m^3 이하인가?		
콘크리트 타설시의 다짐작업원은 펌프카 1대당 6인 이상인가?		
바이브레이터는 펌프카 1대에 대해 4대 이상인가?		
펌프의 파이프관 끝은 외벽의 경우 3m 이내의 이동으로 타설하고 있는가?		
바이브레이터는 타설하는 각 개소마다 사용되고 있는가?		
벽(또는 보)의 상부 끝자락은 바깥구배가 되도록 연결되어 있는가?		
각 이어치기의 레이턴스, 오염제거, 살수를 실시하고 있는가?		
발코니, 복도의 배수측 홈부분의 콘크리트 슬래브 두께는 120mm 이상인가?		
슬래브의 지름은 보춤의 1/3 이하인가?		
직사일광, 강풍에 대한 대책은 적절한가?		33
살수, 습윤양생은 충분한가?		
거푸집 존치기간은 적절한가?		
피복 두께는 확보 되었는가?		23, (*23)

2) 옥상 · 베란다의 균열누수

불량 시공 방지 점검 항목	합격 여부	참조기기 No
파라팻의 하부꺾임턱으로부터 마감이 250mm 이상 확보되어 있는가? (*노출방수일 때는 300mm이상, 적설지대에서는 400mm이상)		
파라팻의 연결턱 부위는 나중치기를 하지 않는 계획으로 되어 있는가?		
루프드레인 주위의 물구배를 확보하였는가?		
루프드레인은 유발줄눈으로부터 300mm이상 떨어져 있는가?		
루프드레인의 지름과 배치는 여유가 있는가? (*200m^2당 ϕ100mm를 1개소 정도 또는 지붕면 2개소이상, 단, 1개소는 오버플로로도 가능)		
물구배는 구체에서 잡혀있는가?		
기계기초 등의 취합부분은 방수층의 단부로 물이 들어가지 않도록 되어있는가?		
기초부의 턱 높이는 물위의 마감치수에서 턱아래 250mm 이상 있는가? (*노출방수의 경우에는 300mm이상, 적설지대에서는 400mm이상)		
톱라이트가 있는 경우 실링에만 의존하고 있지는 않는가? (*2차 배수의 배수경로 확보, 방수용 턱 설치)		
바탕콘크리트가 충분한 건조상태에 있는가? (*기화팽창에 의해 방수층을 올리기 위한 탈기장치가 필요)		13,
세로홈통과 홈통이 직결된 경우 공기가 흘러 들어가지 않도록 공기빼기를 설치 하였는가?		
세로형 드레인의 경우 실내의 홈통에 단열재를 설치하였는가?		
설비배관의 벽 관통부에서는 배관에 보온재를 감고 실링재를 충전하였는가?		
관통부의 배관은 반드시 바깥쪽이 내려오도록 구배가 잡혀 있는가?		

발코니는 실내 슬래브 보다 최저 5cm이상 내려와 있는가?		
파라팻의 줄눈계획 및 시공계획은 적절한가?		
파라팻은 옥상과 동시 타설하고 있는가? 부득이한 경우 치올림으로부터 10cm 이상 외구배로 이어지고 있는가?		
옥상 슬래브 콘크리트를 관통하는 것은 없는가?		
옥상 콘크리트 타설 후 빗물이 새는 곳이 없는지 점검한 후 대책을 강구하였는가?		
방수바탕의 확인을 하고 있는가? (돌기, 패임, 레이턴스, 유류의 얼룩, 물고임, 블록모서리, 오목모서리 등)		
베란다의 유발 줄눈은 계획하였는가?		
누름콘크리트에 보통콘크리트를 사용하고 있는가?		
누름콘크리트에 와이어메시를 넣었는가?		
신축줄눈은 치올림 부분의 가장자리와 파라팻으로부터 50cm 이내, 3m 이내의 간격으로 설치되어 있는가?		
파라팻 두겁대의 앵커는 내풍압에 대해 충분한가? (앵커 지름, 피치 등)		

3) 아스팔트방수(보호 시방서)의 누수

불량시공 방지 점검항목	합격 여부	참조기기 No
바탕에 균열이 없는지 확인하였는가?		
물구배는 구체에서 잡혀 있는가? (1/100~1/150)		
보호콘크리트의 신축눌눈 나누기는 적절한가? (2.5m간격)		
방수 쳐올림 높이는 물위의 레벨을 기준으로 하였는가? (*물위의 편평한 곳의 치올림 마감 상부로부터 250mm)		
방수층의 관통 처리는 적절한가?		
물구배는 구체에서 잡혀있는가?		
방수재 겹침 폭, 아스팔트 바름 순서는 적절한가?		

4) 아스팔트(노출사양)의 누수

불량시공 방지 점검항목	합격 여부	참조기기 No
바탕에 균열이 없는지 확인하였는가?		
구조 슬릿(slit)부는 방수층이 직접 겹치지 않도록 마무리되어 있는가?		
물 구배는 구체에서 미리 잡혀 있는가? (1/50~1/20)		
바탕 콘크리트는 타설 후의 양생기간을 충분히 잡았는가?		13
방수재 겹침 폭, 아스팔트 바름 순서는 적절한가?		

5) 시트방수의 누수

불량시공 방지 점검항목	합격 여부	참조기기 No
바탕의 균열 또는 균열이 예상되는 부분과 블록모서리 · 오목모서리에 보강 붙임을 하였는가?		
물 구배는 구체에서 잡혀 있는가? (1/100~1/20)		
루프드레인 주위, 배관 등의 방수 바탕 붙임에서는 여유 있게 늘려붙이도록 하였는가?		
붙임 마무리를 확인하였는가? (*특히 치켜올림 높이는 최소 250~300mm가 필요)		
루핑의 겹침(시트 간의 접합성, 시트 단부의 주름)을 확인하였는가?		15

6) 도막방수의 누수

불량시공 방지 점검항목	합격 여부	참조기기 No
바탕에 균열이 없는지 확인하였는가?		15
도포작업은 가사시간(可使時間 : Open Time)을 유지하고 있는가?		
도막을 일정하게 하기 위해 시공구획 나누기를 관리하고 있는가?		14,(*14)

7) 외벽 타일의 박리

불량시공 방지 점검항목	합격 여부	참조기기 No
PCa판을 붙인 타일의 뒷발은 모자이크 1.5mm 이상, 마구리 2.0mm 이상 있는가?		
나중 붙임 마구리 이상의 역물 타일을 인방이나 면에 사용할 경우 박락방지를 위한 철물을 사용하고 있는가?		
줄눈 깊이는 타일 두께의 1/2 이하인가? (심줄눈은 피할것)		
타일 신축 조정줄눈은 줄눈폭 7mm 이상, 줄눈 깊이 가로 세로 10mm 이상이며, 필요한 위치에 배치되어 있는가?		16
균열 유발줄눈을 설치하고 위치가 적절한지 확인하였는가?		
바탕이 고르지 못한 부분의 처리방법은 확실한가? (*처리범위는 ①균열 · 콜드조인트 : 균열폭 0.3mm 이상 인 것 /②두판 · 경화불량부분 · 취약부분 : 전부 / ③핀홀 : 3mm 이상인 것)		22, (*22)
타일마감 부분에 거푸집 박리제를 사용하고 있지 않은가? (모르타르의 접착불량 방지를 위해)		
바탕 모르타르의 드라이아웃 방지를 검토하였는가?		13
바탕의 오염, 경화불량을 제거하고 바탕처리를 하였는가?		
바탕 모르타르의 건조를 위해 초벌바름 후의 양생기간을 두었는가? (표준 2주 이상)		13
콘크리트의 바탕 조정을 검토하였는가?		
기성조합 모르타르의 사용가능시간은 1시간 이내로 되어있는가?		

붙임모르타르의 바름시간(작업 가능시간)은 20분 이내로 하고 있는가?		
시공 후 2주 이상 경과되고 나서 인장시험을 실시하였는가? (*표준은 재령 4주, 200m²에 1곳으로 3개소 이상, 인장강도 4kgf/cm², 발체율은 설계자와 감리자가 협의할 것)		17, (*17)
타일 면의 타전 검사는 하고 있는가?		28, (*28) 29, (*29)

8) 뿜칠재의 박리

불량시공 방지 점검항목	합격여부	참조기기 No
뿜칠 바탕의 함수율, 알칼리도를 확인하였는가?		13
기온이 5℃ 이하, 습도가 85% 이상인데 시공하고 있지는 않는가?		19

9) 모르타르 바름의 박리

불량시공 방지 점검항목	합격여부	참조기기 No
배합(시멘트 : 모래)과 바름두께는 적절한가? (*초벌바름 라스 문지르기는 1:2.5, 바름두께 6mm / 얼룩조정은 1:3, 바름두께 0~6mm / 중벌 바름은1:3, 바름두께 6mm /마감바름은 1:3~3.5, 바름두께 6mm)		
월평균 기온 5℃ 이하, 최저 기온 2℃ 이하에서 작업하고 있지는 않는가?		9,19,37
바탕의 물축이기는 완전하게 실시하였는가?		13,(*13)
초벌바름으로부터 2주 이상 방치하고 나서, 중벌 바름을 하고 있는가? (*건조시간으로는 초벌바름 · 얼룩조정이 14일 이상/ 중벌바름이 14일 이상/ 마감바름이 7~10일 정도)		
중벌바르기를 하기 전에 물을 뿌렸는가?		
신축줄눈은 수평으로 각층마다, 수직으로는 3m 이내마다 설치하였는가?		

10) 슬래브 · 지반 다짐 바닥의 휨, 침하

불량시공 방지 점검항목	합격여부	참조기기 No
지반이 연약한 경우 지반 개량,말뚝타설 등을 하였는가?		2, 21
균열유발 줄눈을 배치하였는가? (*25m² 이하에 줄눈이 필요하며 원칙적으로 5~8mm 간격)		
압밀침하에 대한 처치를 하였는가?		
큰보, 작은보로 둘러싸인 슬래브 면적은 25m² 이하로 되어있는가?		
매립지반의 직접 기초는 없는가?		

부속 건물과의 접합부위, 매복토에 설치한 공작물은 검토하였는가?		
지하가 없는 다짐바닥 지반 위에 타설할 1층 바닥콘크리트용 배근은 구조 슬래브 배근으로 되어 있는가?		2, 21, 31, (*31)
다짐바닥 지반위에 타설할 콘크리트는 침하에 대한 대응이 마련되어 있는가?		2, 21
다짐바닥 위에 배관은 하고 있는가?		
외구배관 · 홈통의 침하대책은 되어 있는가?		
배관 매설 깊이는 적절한가? (동결 깊이 확인) (*부지 내는 600mm, 차도는 1200mm)		3, (*3)
철근의 피복은 적절한가?(간격편의 배치는 적절한가)		23, (*23)
지반다짐 위의 바닥콘크리트 양생은 적절한가?		
누름콘크리트에 와이어메시를 넣었는가?		
콘크리트 타설시 슬래브 배근의 흐트러짐 방지 대책을 강구 하였는가?		

11) 결로

불량시공 방지 점검항목	합격 여부	참조기기 No
외벽면은 모두 단열되어 있는가?		19
단열재의 두루마리 포장은 한랭지의 경우 600mm, 표준치 300mm 이상으로 되어 있는가?		
공장, 풀장(Pool)의 지붕 속은 단열 및 방습을 하고 천장속에는 환기를 하고 있는가?		19

12) 차음

불량시공 방지 점검항목	합격 여부	참조기기 No
전기실이 거실의 상하층이나 주위에 배치되어 있지 않는가?		
전기실 주변에 거실공간이 있는 경우 경계벽과 경계바닥과의 차음성능이 RC250mm로 되어있는가?		(*1)
전기실, 공조기계실의 기기류, 배관류는 방진처리가 되어있는가?		(*1)
공조덕트, 관통부는 모두 방진지지, 진동절연되어 있는가?		

13) 물축이기 시험

불량시공 방지 점검항목	합격 여부	참조기기 No
시공검사 및 완료검사, 물축이기 시험을 실시하였는가?		15

MEMO

김 종 원

인하대학교 공과대학 건축공학과 졸업
중앙대학교 건설대학원 건축공학과(공학석사)
명지대학교 대학원 건축학과(공학박사)
경기대학교 산업정보대학원 겸임교수
국립 서울산업대학교, 경기대학교, 명지대학교에 출강
한국산업개발원, 한국건설기술교육원, 호남건설기술교육원을 출강하고
한국공학교육인증원 평가위원으로 활동
한국건업, 삼성, 대농그룹 건설부문(상무이사)
그랜드그룹 정도건설(주) 부사장
(주)협업건축 고문

현 시안빌테크 대표

저서/ 건축재료와 구법(2008), 건축외장의 이해와 시공(2008), 기문당

자체품질검사

2008년 10월 25일 1판 1쇄 인쇄
2008년 10월 30일 1판 1쇄 발행

편 저	건물의 시공품질을 생각하는 모임
편 역	김 종 원
발 행 인	강 해 작
발 행 처	도서출판 기 문 당
주 소	서울시 성동구 공명길 39 (하왕십리동 966-22)
전 화	02) 2295-6171(代)~5
팩 스	02) 2296-8188
출판등록	1976. 10. 7(1-44)
홈페이지	http://기문당 www.kimoondang.com
I S B N	978-89-6225-079-4 93540

정 가 11,000원

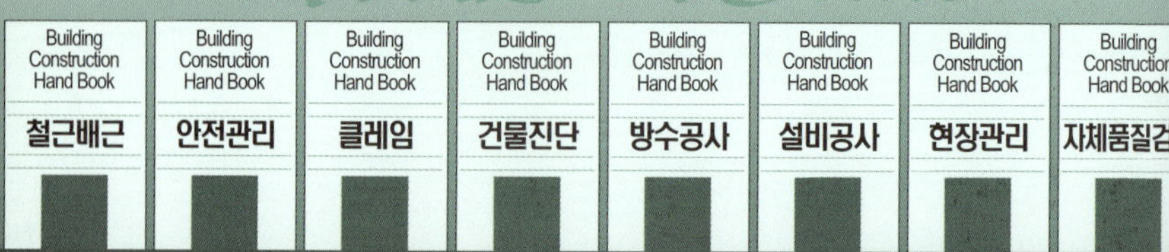

Building Construction Hand Book
철근배근
Building Construction Hand Book
안전관리
Building Construction Hand Book
클레임
Building Construction Hand Book
건물진단
Building Construction Hand Book
방수공사
Building Construction Hand Book
설비공사
Building Construction Hand Book
현장관리
Building Construction Hand Book
자체품질검